目次

またね、富士丸。

二〇〇九年十月　暗転

1

「ただいまぁ」

いつものように玄関を開けると同時に声をかける。夜の十時すぎ。手に提げた袋には、ビールと氷、それからチーズちくわ。ついさっき、駅前のコンビニで買ってきたものだ。それほど頻繁《ひんぱん》ではないが、外で飲んでちょっと気分がよくなると買って帰ることがあった。

犬のくせにチーズちくわが好きだなんて、変なやつ。いつも何かを買って帰ると、決まってあいつは「今日は何かおみやげはないの？」とばかりに、そのでかいからだで俺の周りをうろちょろする。

「あのな、そんなに毎回毎回おみやげがあるわけないだろうが」

そうやっていったん少し落胆させておいてから、「でも、実はな」と見せてやるつもりだった。

出かけるときもつけっぱなしにしているフロアスタンドの灯《あか》りが、ぼんやりと部屋を照らしている。でもいつもならそこにちょこんと座って待っているはずの富士丸《ふじまる》の姿が、その日はなかった。

「おーい、帰ったぞー」

まったく、主《あるじ》が戻ったというのにお出迎えもなしか。以前は必ず気配を察知して、ドアの前でしっぽを振って待ちかまえていたのに、近頃はこっちが覗《のぞ》くまでソファーで寝そべっていることがたまにあった。少し気がゆるんどるのと違うか。

「寝とるんかー」

靴紐《くつひも》をときながら声をかける。が、いっこうに出てくる気配がない。

玄関から伸びた申し訳程度の廊下。その左手にキッチンとダイニング、右手にリビングがあるだけの1DKの部屋。声が届かないわけがない。まずリビングを覗く。そこには、いつも富士丸が寝ているソファーがあるが、姿はなかった。ふと見ると、小さなちゃぶ台が倒れていた。普段、留守の間にあいつが何かを倒すなんてことはなかったので、はて、どうしたんだろうと不思議に思いながら部屋を見渡した。お気に入りの窓際にもいない。ソファーの向こう側にある富士丸の〝正式な寝床〟をのぞき込むが、そこにもいない。いつもいるはずの場所に、姿が見えない。

おかしいな。あんなに大きなからだで隠れられる場所など、この部屋にはないというのに。キッチンの方を振り返る。ダイニングには、キッチンに背を向ける形でパソコンデスクが置かれている。無理矢理仕事用として使っているスペースだった。

その机の下にすっぽり収まるように寝ている富士丸の姿が目に入った。富士丸がその場所でくつろいでいることなどなかったので、気づくのが遅れたのだろう。そんなことはこれまで一度もなかった。

なんだそこに居たのか、と安堵《あんど》すると同時に、何かがおかしいと思った。

ちょっと待て。なぜ俺が帰ったのに、そこにいる。なぜ、起きて来ない。どうして、そんなところに寝そべったままでいる。そこまで考えたとき、全身がざわざわと騒ぎ出した。おそるおそる近づいて、ゆっくりとその顔をのぞき込んだ。


どれくらいそうしていたのか。

気がつくと、薄暗い部屋で床に座り込んでぼうっとしていた。

何かをしなくてはと思うのだが、何をしていいのかわからない。

頭がまったく働かない。

なんだろう、これは。

いくら考えても、状況が飲み込めない。

どうしようどうしよう。どうしよう。

「あの、夜分遅くに申し訳ありません」

何をどうすればいいのかわからないまま、かかりつけの獣医に電話をかけていた。

「ああどうも、こんばんは。どうしたんですか?」

迷惑そうなそぶりも見せず、先生は電話口でのんびりとそう言った。

「あの、ええと、富士丸なんですけどね、さっき家に戻ったらね、なんか、息してないんですよね。どうしたらいいですか」

かなり動転していたのだろう。妙に間延びした口調になってしまう。声が震える。自分で何を言っているのかもよくわからなかった。ただ、一刻も早くこの状況を誰かに報告しなくてはと思ったのだ。

「え?」

そう言ったきり、電話の相手も絶句してしまった。

「ちょ、ちょっと待ってください。息をしていないって、どういうことなんですか？」

しばらく沈黙が続いた後、そう聞かれた。こっちにもわけがわからなかった。

家に帰ったら、富士丸が倒れていた。四本の足を伸ばした状態でごろんと横になっていた。のぞき込んだ目にすでに力はなく、どこも見ていなかった。「おい、どうした」そう言いながら揺すっても起きない。両手で顔を摑《つか》んでもう一度のぞき込む。しかし瞼《まぶた》はだらんと半分閉じた状態でぴくりとも動かない。「おい！」慌てて胸に耳をあてる。が、何の音も聞こえない。口元に手をあてても、呼吸らしきものもしていない。冷たい唾液《だえき》にはっとする。「おい！　起きろ！」激しく揺さぶるが、その首はぐにゃぐにゃと曲がるばかりで、なんの反応もない。強引に持ち上げてなんとか起き上がらせようとするが、手を離すとまたばたんと横になってしまう。もう一度胸に耳をあてる。やはりなんの音も聞こえない。でもからだはまだほのかに温かかった。「おい！　どうしたんだよ。起きろよ」いくらそう耳元で叫んでも、しっぽひとつ動いてくれない。「嘘《うそ》だろう、おい、起きてくれよ」乱暴に太ももを平手で何度も叩《たた》いた。「なぁ、なぁ、起きろって、お前」叩いても叩いてもなんの反応もない。その足に触れると、ぴんと伸びたまま固まりはじめていた。「なぁ、どうしたんだよ。なんで動かねぇんだよ」ふさふさした首元に顔をうずめて匂いを嗅《か》いだ。いつもの匂いだった。「頼むよ、起きてくれよ」だけど、そのからだはうんともすんとも応《こた》えてくれなかった。それは何をしても、何を語りかけても、同じだった。

なんの前兆もなかった。家を出たのが夕方五時すぎ。それまではいつも通り元気だった。留守にしたのは数時間。その間にいったい何があったのか。

「わからないんです、何も。ただ、さっき帰ったら倒れてて」

「息をしていないのはたしかなんですか」

「はい」

「痙攣《けいれん》とかしてるんじゃなくて、呼吸もしてない？」

「はい」

「見たところ外傷とかもない？」

「はい」

俺はできるだけ冷静に答えた。すると先生は苦しそうな声で、もし完全に息を引き取っているようなら、大変申し訳ないけど獣医の私にできることは何もありませんと静かに言った。その通りだった。

「あの、先生」

「はい」

「何が、あったんでしょう」

「…………」

「考えられる要因って」

「……家を、空けたのはどのくらいですか？」

「五時間くらいでしょうか」

「お腹《なか》は、膨らんでいますか？」

「いえ」

「じゃあ、胃捻転《いねんてん》ではなさそうだし、もしそうであったとしても五時間ほどで、ってことはまずないでしょうし」

「…………」

「だとすると、心臓か、脳か。でも、あの子はこの前の検査で心臓もなんともなかったし」

「…………」

「すいません、私にも皆目見当がつきません。あんなに元気な子が突然っていうのは、私もこれまで診《み》てきて、はじめてです」

「そうですか……。すいません、夜分に。ありがとうございました」

「いえ、もし私にできることがあったら、いつでも連絡してください」

膝《ひざ》に乗せた富士丸の頭を撫《な》でながら、携帯電話を握りしめていた。

心臓か、脳。パソコンデスクの下に横たわる富士丸を見つめた。嘘だろう。お前、どうした、何があった。なんでこんなところで寝ている。ここはお前、いつも仕事の邪魔だから来んなって言ってるところなのに。ちゃぶ台倒してまで、ここに来たのか。どうしたんだよ、お前。夕方まで普通だったじゃんか。散歩にも行ったじゃないか。なんだよ、これ。どういうことだよ。嘘だろう、こんなこと。

時間が止まってしまったようだった。ドアを開けた瞬間に、どこか別の世界に迷い込んでしまったような気がした。静まりかえった部屋でひとり、一点を見つめ続けていた。そのいっぽうで頭の中は混乱を極め、あらゆることが猛烈な勢いで渦巻いている。頭の中から何人もの自分の声が聞こえた。

考えろ。今何をするべきか。誰かに知らせないと。誰に？　何を？　今何時？　今朝《け さ》って散歩行ったよな。たしかに行った。夕方も行った。そのときは普通だった。誰が？　富士丸が。そう、富士丸は元気だった。だとしたらこれは何？　知らないよ。知らないじゃないだろう。これからどうする？　何を？　だからなんとかしないと。どうやって？　ちゃんと考えろよ。だから何を？　富士丸だよ。誰かに知らせるんだよ。そうだ知らせないと。それより今何時だ。こんな夜遅く電話していいのかな。そんなこと言ってる場合じゃないだろう。そうか。だけど誰に知らせよう。みんなだよ。みんなって誰だよ。これからどうすんだよお前。知らないよ。わかるわけがないだろう。自分のことより誰かに知らせる方が先だろう。しっかりしろよ。今日は何日だ？　たしか十月一日だ。夕方から出版社のパーティーに行ったんだ。お世話になっている書評家の方からの誘いだった。それを俺は楽しみにしてた。恵比寿《えびす》。人混み。ガーデンプレイス。受付。誰かの挨拶《あいさつ》。錚々《そうそう》たる顔ぶれの作家。緊張。ビール。乾杯。名刺交換。ローストビーフ。夢のような時間。電車。駅前のコンビニ。たまたま見上げた夜空。倒れていたちゃぶ台。落胆した獣医の声。早く知らせないと。今日は何日だ。十月一日か。明日は十月二日。二日？

そうだ。あの人に連絡しないと。

「あ、夜分にすいません」

俺はようやくひとりに電話をかけた。相手は前田さんだった。

「どうもどうも、こんばんは。どうしたんですか?」

「今って、電話大丈夫でした?」

「大丈夫ですよ、どうしたんですか」

「あの、明日のことなんですけどね」

「ええ、もう準備はばっちりですよ。あとは契約書にサインするだけです。実印だけ持って来てもらえれば。時間は午前十一時半ですよ。場所は、大丈夫ですよね?」

「いや、そのことなんですけどね」

「はい、どうしました?」

「申し訳ないんですが、中止にしてもらえませんかね」

「え? どうしたんですか、急に、なんでまた」

「さっき、家に帰ってきたんですけどね」

「ええ、それで?」

「富士丸がね」

「ええ、富士丸くんが、どうかしたんですか?」

「死んじゃったんですよ」

「え……」

「…………」

「嘘でしょ?」

「嘘じゃ、ないんです。だから、もう、白紙に戻したいんです」

その後できるだけ簡潔に事実だけを述べ、電話を切った。前田さんは驚き慌てながらも、わかりました、後のことは私にまかせてくださいと言ってくれた。

彼の人懐っこい笑顔が脳裏をよぎる。

「どうです? ここ」

雪のちらつく蓼科《たてしな》高原。寒い日だった。前田さんの車で何度目かになる土地探しに訪れたときだった。諏訪《すわ》インターから十五分ほどのところにある別荘地。車から飛び降りるなり、富士丸は嬉《うれ》しそうにそこら中の匂いを嗅いでいた。

案内された土地に立つ。別荘地でも端に位置するその場所はすぐ先が崖《がけ》になっていて、遠くまで見渡せた。生い茂る木々は葉をつけておらず、眼下に広がる景色はうっすら白く染まっている。夏には葉をつけ、このあたり一帯は緑で覆われ鬱蒼《うっそう》とするのだろう。理想的な環境だった。土地の広さは約三百坪、ただし三分の二は崖になっている。そのせいで価格も比較的安く、ぎりぎり予算に収まる範囲だった。

「しかし、崖も含めて買うっちゅうのもねえ」

「でも、平地も百坪はありますよ。それだけあれば十分ですよ」

不服そうな俺に前田さんが言う。彼は住宅メーカーの人間だった。今回は会社の休みを利用して、個人的に土地探しまでつき合ってもらっていた。

丸、と声をかける。普段は富士丸のことを省略してそう呼んでいた。すると富士丸は一瞬ハッと目を輝かせ、こちらに駆けてくる。

「どうするよお前、ここにするか？」

しゃがんで富士丸に問いかける。一瞬きょとんとした目をした後、「なんだ、たいした用があったわけじゃないんだ」とばかりにまたそこら辺の匂いを嬉しそうに嗅いでいた。しっぽをくるんと揺らしながら。

「よし決めた。ここにします。うん、そうします」

「ではここにしましょう。いやあ、完成したら、富士丸くんもさぞ喜んでくれるでしょうね」

さんざん探し回ったあげく、ようやく見つけた蓼科の土地。俺はそこに、家を建てるつもりだった。それは、富士丸と暮らすための家だった。

その富士丸が、今、目の前に横たわっている。からだを撫でた。背中の黒く艶々《つやつや》とした毛。お腹の白い毛。耳の柔らかい毛。しっぽの少しごわごわした毛。眉間《みけん》の毛なみ。それらはいつも触り慣れたものとなんら変わりなく、どうして動いてくれないのか不思議で仕方なかった。

なんでなんだよ。なんで。

来年、二〇一〇年の二月には、お前は八歳になるだろ。

そしたら誕生日プレゼントには、すごいものを用意していたのに。

家だぞ、家。犬に家をプレゼントするって、ちょっとすごいだろ。そんで、馬鹿だろ。

でもいいんだ。俺がそうしたいと思ったんだから。

だってお前は、俺がどん底にいる頃、ひょっこり来てくれた。

お前は、いつもそばにいてくれた。

お前は、ほんとにいいやつだ。

お前のためなら、なんだってしようと思ってた。

だから決めたんだ。

すべてを捧《ささ》げてもいいと思った、俺の犬。

それは、本心だったんだけどなあ。

それからまた何本かの電話をかけた。

時刻はとっくに零時を回り、日付は十月二日になっていた。気がつくと、部屋には親しい友人たちが集まっていた。誰にどの順番で電話をかけ、何を話したのかは覚えていない。みな一様に、最初は「嘘でしょ？　何言ってんの？」と信じようとしなかったが、俺の口調からどうやら本当らしいと悟ると、みんな飛んできてくれた。

深夜だというのに次から次へと人が集まってきて、狭い部屋には十人近くの人が立ちつくしていた。その場で泣き崩れている人もいた。みんな富士丸のことが大好きな人、富士丸が会う度にしっぽをぶんぶん振り回す人たちだった。「なんで？」「どうして？」「なんか変わった様子はなかったの？」「何があった？」誰もが部屋に入るなり富士丸を見ては驚愕《きょうがく》の表情を浮かべ、様々な質問をぶつけてきたが、俺は何も答えることができなかった。そのうち話すこともなくなり、全員が押し黙り、信じられないといった面持ちだった。目に涙を溜《た》め、何かを必死に堪《こら》えている人がいる。どこかから嗚咽《おえつ》が漏れる。

部屋の隅っこに腰を下ろし、その光景を眺めるうち、俺は不思議な感覚を覚えていた。

涙もこぼれない。悲しい、という感情もない。しいていえば、芝居を観《み》て涙する観客を舞台袖《ぶたいそで》から眺めている心境、これに一番近いかもしれない。まったく現実味がない。同時に、ある考えが頭を支配しはじめていた。

馬鹿馬鹿しい。俺はこんな現実は認めない。こんなことが起こるはずがない。起こっていいわけがない。もしこれが現実だというのなら、そんなものは全力で否定してやる。これは夢に違いない。誰がなんと言おうと、夢なのだ。そんな言葉が頭の中をぐるぐると駆けめぐっていた。

時刻は二時を回っていた。深夜にもかかわらず集まってくれた人たちにお礼を言って、ひとまず今夜はお引き取り願うことにした。みなが心配そうに視線を向ける中、大丈夫ですから、と答えた。

とにかくひとりになりたかった。この光景を、ひとりの妄想にとどめておきたかった。しんと静まりかえった部屋に立って考えた。寝よう。眠ってしまおう。リビングに布団を敷くと、そこへ富士丸を運んだ。動かないからだがやたらと重い。でも大丈夫。

向こうを向いた格好で横になる富士丸を、後ろから抱きしめた。そう、大丈夫。これは夢だ。起きたらお前は元気なんだ。大丈夫大丈夫、心配するな。俺にまかせろ。だってこれは俺の夢の中なんだから。そうだ、起きたら散歩に行こう。いつものように。まったく酷《ひど》い夢を見たもんだ。そう言ってわしゃわしゃと撫で回してやろう。きっとお前は、そんな俺を不思議そうに眺めることだろう。

富士丸の頭を撫でながら、どこか穏やかな気持ちにさえなっていた。

2

便器に顔を埋《うず》めるようにして吐いていた。もはや吐くものは何もなく、口からはよだれなのか胃液なのかわからない液体が糸を引くだけだった。それでも吐き気は収まらず、胃がよじれ、苦しさに視界が滲《にじ》む。ひとしきり嘔吐《おうと》を繰り返した後は、這《は》ってリビングに戻る。そこにはだらしなく布団が敷かれていて、その周りには日本酒の瓶がごろごろ転がっていた。

「そんな飲み方をしたら危ないって」

「もう飲ませるな」

流しにどばどばと捨てられる酒の音。

「あぁ、また買ってるよ。どうして倒れてばかりいるのに酒は買いに行けるんだよ」

誰かの声が蘇《よみがえ》る。部屋には誰もいなかった。俺はまた新たな日本酒を手に取ると、勢いよくラッパ飲みした。漏れた酒が胸元を濡《ぬ》らす。構わず飲み続ける。またすぐに気持ちが悪くなる。たまらず布団に倒れ込む。何かが喉《のど》をせり上がってくる。必死でそれに堪え、収まると今度は寝ころんだまま、また少しずつ酒を流し込んだ。カーテンを閉め切った部屋は薄暗く、昼か夜かもわからない。ビー玉を集めて作られた小さなライトの灯りだけが、床でぽつんと揺らめいていた。首をもたげて視線をさまよわせても富士丸の姿はなかった。

これって、まさか、現実じゃ、ないよな。

ある光景が頭に浮かぶ。

冷たい雨。灰色の駐車場。赤い車。喪服を着た人たちの顔。手に持った酒。窓に映る自分の姿。木箱に入った富士丸。「おい、誰か手を貸してくれ」大理石の冷たい床。「ちゃんと立てよ、お前」重たい鉄の扉。立ちのぼる煙。「もう飲むなって」畳の部屋。白く大きな骨壺。やけに軽い骨。線香の匂い。お墓。飾ってあるたくさんの犬や猫の写真。富士丸の、写真。そんなわけない。そんなわけはない。その映像を掻《か》き消すために、また酒を飲んだ。

大量の酒。吐いては飲んでの繰り返し。俺は、もう今日が何月何日なのかもわからなくなっていた。

富士丸を抱いて寝た夜、結局朝まで一睡もできなかった。明け方近くになって、仕方なく酒を飲んだ。いつまで経《た》っても覚めない夢に対し、そっちから来ないのならこっちから行ってやる、という思いだった。強引に意識を飛ばすことで、次に覚醒《かくせい》したときの、違う現実に向かおうとしたのだ。それまでにも、富士丸が突然道路に飛び出して目の前で車にはねられたり、崖から転落したり、健康診断で重度の疾患が見つかる、なんて夢は何度も見たことがあった。その度に「どうかこれが夢であってくれますように」と願う。そういうときは目覚めると、ぐっしょり汗をかいていて、慌てて足元をのぞき込んだ。するとそこにはすやすやと眠る富士丸がいた。その顔をそっと撫でると、迷惑そうに起きるあいつの目。

だから今回も夢に違いない。

でも普段なら少し飲んだら心地よい眠気が訪れるのに、いくら飲んでも一向に眠くならなかった。冷たくなっていくからだ。半ばやけになって、勢いだけでごくごくと日本酒を流し込んだ。急に頭がくらくらし、俺の記憶はぷっつりと途切れた。

気がつくと誰かが訪ねて来ていた。中田さんだった。富士丸のことが大好きな編集者、昨夜《ゆうべ》も部屋に来て泣いていた人。中田さんは赤い目で、富士丸を早く葬儀屋に渡さないとからだが傷んでしまうと言っていた。まだ悪い夢が続いているんだ。俺はその場でまた酒を飲んだ。そしてまた気を失った。

飲んでは倒れ、起きては飲んで、その飲み方は凄《すさ》まじかった。いつもは酔いすぎてしまうからと避けている日本酒を、スポーツドリンクでも飲むかのように一気に呷《あお》る飲み方だった。意識は常に朦朧《もうろう》とし、現実と夢の区別さえつかない状態が続いていた。酒のたっぷり染み込んだ脳は、正常な判断も、人格も失っていった。見ていることにもまるでリアリティーがなかった。

それは、目というカメラが映し出す映像をどこか別のところから眺めているようでもあり、しかしそれを眺めている自分がどこにいるのかもわからない、そんな感じだった。それでも目の前で起こっているシーンは断片的な記憶として残り、壊れた映写機のようにランダムに何度も再生された。その度に、襲ってくるとてつもない戦慄《せんりつ》。

まさか、これって。嘘だ嫌だ。やめてくれ。

そう心で叫びながら、ひたすら酒を飲んだ。

昼夜を問わず飲みはじめて三日くらいは、死ぬほど吐いた。しかしそれも限界を超えたのか、いくら飲んでも吐かなくなった。食欲はどこかへ消え失《う》せ、水さえ飲まなかった。脱水症状になると、酎《ちゅう》ハイのようなもので喉を潤していた。よほど内臓が頑丈にできているのか、それだけの連続飲酒を続けても、体が酒を受けつけなくなる、ということはなかった。酩酊《めいてい》している中で、もやもやとした霧に包まれていた。霧が晴れようとするのを、アルコールで阻止しようとしていた。しかしどれだけ泥酔しても、戻ってくる場所はいつも同じだった。途方もなく暗い闇が、どこまでもどこまでもつきまとってくる。

うっすらと開いた目で、左の手の平を確かめた。そこには、ずっと握りしめていたひと束の短い毛があった。誰かに頼んで切ってもらった、しっぽの先の白い毛。なぜかその場面の記憶はあった。嘘だろう。

あいつはもういないのか。本当に、いなくなってしまったのだろうか。くりくりとしたあの青い目。長い顔。大きな口。眠そうなあくび。お尻を振りながら歩く後ろ姿。太ももに乗せてきたあの重くてちょっと温かい顎《あご》。嬉しそうに走る姿。ぺろんと出した舌。香ばしい肉球の匂い。不安など、この世にひとつもないかのような寝顔。もう会えないのかな。もう、触れることはできないのかな。

そう思うと、からだ中が痛くなった。その痛みは頭からつま先まで、全身を尖《とが》った針の山で掻きむしられるような耐え難い激痛だった。その度に髪の毛を掻きむしりながらもだえ苦しんでいた。

そうした表面の痛みとは別に、内部では自分への怒りが膨らんでいった。

どうしてあの日、出かけたりしたんだよ。本当に予兆はなかったのか。気づかなかっただけじゃないのか。どうしてのほほんと出かけていった。もしも家にいたら、救えたんじゃないか。助けられたんじゃないか。何やってんだよ、お前。七年半も一緒に暮らしてきたのに、何やってんだよ。

そうした怒りは熱い塊《かたまり》となって、からだを中から焼いた。心臓が破裂しそうだった。部屋全体がエレベーターになって、どこまでも果てしなく降下していくようだった。

このとき俺は「絶望」というものの重量をはじめて実感した。激痛をともなって突きつけられた現実はあまりにも重く、俺を簡単に押しつぶした。すべての思考は「負」を向いており、どこを探しても出口らしきものが見つからない。喜びも希望もない世界。それが永遠に続くような気がした。自分が許せなかった。自分を殺してしまいたかった。

自ら明確に死を意識したのも、それがはじめてだった。拒んでも拒んでもその濃さを増す現実の世界が、そっと背中を押してくる。誰かの声が聞こえてくる。

もともと長生きしたいと思っていたわけでもないだろう。どうせ人はいつか死ぬ。それが今でもかまわないんじゃないか。誰になんと言われてもいいだろう。死んだ後のことなんて。たかが犬一匹でと笑われるだろうな。別にそれでもいいじゃないか。そうさ、お前は情けない奴《やつ》なんだ。あいつがいないと生きていけない。そうだろう。それなのに、あいつを救えなかった。富士丸は死んだ。だったら、お前も死ね。死んで詫《わ》びろ。

友人や、お世話になった人たちの顔が頭に浮かぶ。ここでもし俺が死んだら、こんなに救いのない話はないだろう。後味悪いだろうなあ。だけどごめん。無理かもしれない。

自殺に関する知識は皆無に近かった。それまで考えたことなどなかったからだ。首を吊《つ》ろうにも、部屋には体重を支えられるような頑丈なでっぱりは見あたらない。それに、首つりは発見した人に悪いような気がした。飛び降りも同様。電車はたくさんの人に迷惑がかかるし、死体を片づける人に悪い。樹海に行く体力も気力もない。いずれにしたって、誰かに迷惑がかかることに変わりない。どうしても、ひとりでひっそりと死ねる方法が思い浮かばなかった。

いくら頭では死にたいと考えても、ぎりぎり皮一枚のところで生きることへの執着があったのかもしれない。死ぬ勇気もなかったのだろう。ひたすら酒を飲み続けることしかできなかった。

それでも日々の晩酌で鍛えていたせいもあってか、急性アルコール中毒になることもなかった。

部屋には、毎日のように心配した人たちが入れ替わり立ち替わり訪ねてくれていたが、俺は誰の慰めも、どんな励ましも届かない場所まで落ちていた。

三十八にもなる男が、聞き分けのない子どものように、汚れた布団の上に丸まっていた。

ベランダからは、雨の音がずっと聞こえていた。

3

富士丸と出会ったのは、三十一歳のときだった。

当時の俺は、短い人生の中でもこれ以上ない、というほど暗いところに立っていた。三十歳で勢いにまかせて結婚したのはいいが、若さと、貧しさと、自分のやりたいことがうまくいかない苛立《いらだ》ちから、衝突を繰り返すようになり、精神的にぼろぼろになるところまで追い込まれていた。

大阪でバンド活動に明け暮れていた俺は、二十八で上京する。東京で駄目だったら諦《あきら》めよう。最後のあがきだった。

しかしそれは悪あがきでしかなく、ぬかるみの中でのたうち回るような日々が続いた。当然音楽では食っていけるわけもなく、アルバイトで細々と暮らしていた。ここから抜けだそうともがくことが、ことごとく空回りする。希望は次第に落胆へと変わり、影だけが長く伸びていった。

認められない悔しさ。青臭いプライド。世間に対する失望。やり場のない怒り。渦巻く欲望。情けなさ。それらを少しでも和らげるために、毎晩のように安い酒を呷った。

上京からわずか二年ほどで、もう何をしに来たのか自分でもわからなくなっていた。ちょうどその頃出会った女性と結婚した。

彼女は当時二十四歳、友達とはじめたばかりの小さなバーを、繁盛させたいと頑張っていた。

このままではいけないという焦りと、何かにすがりたいという気持ち。また、結婚したら自分の中で何かが変わるのではないかという期待。両方とも片親だったこともあり、結納、結婚式といった形式ばったことは一切しなかった。婚姻届をもらってきて名前を書いて判子を押して区役所へ。それだけだった。住むところも彼女の部屋に転がり込んだだけ。目黒駅にほど近い狭い１ＤＫのマンション。バーの経営はまだ軌道に乗っておらず、収入と呼べるものは当時俺がしていた二十四時間サポートセンターの夜勤のアルバイト代だけで、切り詰めればなんとかふたりが暮らしていけるぎりぎりの金額しかない。

なんの計画性もない結婚だった。

贅沢《ぜいたく》などしていないのに金がない暮らし。ひとりなら耐えられる苦労が、ふたりになったとたん、重くのしかかってきた。そこへ、やりたい音楽がまともにできない苛立ちが加わる。それらは俺の内部に蓄積していき、次第に表へ滲《し》み出してきた。

彼女は彼女で店が軌道に乗らないことに対する不安から、言い争いが絶えなくなった。若さからか、ちょっとしたことがその頃はいちいち気に触った。結局、一年もしないうちにふたりはへとへとに疲れ果ててしまう。荒《すさ》みきった関係。部屋には重たく湿った空気が満ちていた。

「犬が欲しい」

そんな中、彼女がぽつりと漏らした。

犬がいれば、気分が少しは明るくなるかもしれない。彼女も犬が好きだった。たしかに犬は、心を和ませてくれる。住んでいる部屋もペット可マンションだから問題ない。だけどエサ代はどうする。自分たちが暮らしていくのもやっとだというのに。悩みながらも、俺は夜勤の合間に会社のパソコンを使って、里親募集のサイトを頻繁にチェックするようになった。

そんなときに、ある子犬たちに目が留まった。カゴから顔を覗かせた子犬だった。見ればあるブリーダーのところで、コリーが柵《さく》をぶち破ってハスキーを孕《はら》ませてしまったのだという。売り物にならないから、誰かもらってくださいとある。そのページをプリントアウトして、次の日彼女に見せてこう言った。

「この犬だけど、ちょっと気になるから次の日曜に見に行かないか。でも、見に行くだけだからな。飼うとはまだ決めてないからな」

結局俺は、見に行ったうちの一匹の子犬を連れて帰って来てしまった。

ケージの後ろで、一匹だけ怯《おび》えて隠れていた犬だった。抱かせてもらうと、ぶるぶる震えていた、青い目をした犬だった。次の瞬間、俺は「こいつ、連れて帰っていいですか?」と聞いていた。彼女にはひとことも相談せずに。

名づけ親は、その当時よくお酒を一緒に飲んでいた、映画『ゴッドファーザー』好きの人にお願いした。和名がいい、とだけ伝えると早速いくつかの命名書を持ってうちにやってきてくれた。ほかに何があったのかは忘れてしまったが、その中にあったのが「富士丸」だった。かくして怯えた子犬は「富士丸」と名づけられ、ほどなく弱っちいくせにすぐ戦いを挑んでくるやんちゃ坊主へと変わった。

4

渋谷区にある1DKのマンション。八畳《じょう》ほどの部屋と、同じく八畳ほどのダイニングスペースとキッチン。玄関の横はユニットバス、広さは全部合わせても二十六平米ちょっと。二〇〇三年の八月、富士丸と俺の〝ひとりと一匹〟の生活は、その部屋ではじまった。

富士丸は一歳半、俺は三十二歳になっていた。

結婚生活はわずか一年半ほどで終わっていた。結局のところ、犬が一匹増えて多少笑顔が増えたとはいえ、それは犬に対してのほほ笑みであり、夫婦の関係がよくなることはなかったのだ。

「もう無理かもしれない」

離婚を切り出したのは彼女だった。ふたりで何度も話し合った結果、その方がお互いのためにいいかもしれないという結論に達した。己の器の小ささに呆《あき》れ、落ち込んだが、離婚した後の心境はさばさばしたものだった。もう笑うしかなかった。

問題は、どちらが富士丸を引き取るかということだった。彼女も富士丸を大切にしてくれるだろう。だけど、富士丸の面倒は俺がみたい。そこで揉《も》めた。離婚の条件はたったひとつ。彼女が会いたいといったときには富士丸と会わせる。それだけだった。

それから都内の不動産屋を訪ね歩いたが、富士丸はその時点で体重三十キロ近くにまで成長していた。ペット可物件、しかも単身者向けで大型犬ＯＫの物件となると、絶望的にその数は少なくなる。何度も門前払いされたあげく、どうにか見つけたのがこの部屋だった。新たに部屋を借りるお金などなかったので、すべて消費者金融から借りた。

仕事は相変わらず夜勤のバイト。家賃と光熱費、食費と富士丸にかかる費用を支払えば、ほとんど残らない。それでも食べていく分にはとりあえず困らない。そんなレベルだった。

バンドも辞めた。三十過ぎていつまでも夢を見ている場合じゃない。旅行の帰り道だったか、ふとそう思った。富士丸と遊んでいる間、一度もバンドのことを思い出さなかったからだ。目くじら立てて踏ん張っている自分が急にアホらしくなった。そうだな、音楽の道は諦めよう。そう決めると、気持ちがすっと楽になったのを覚えている。

かといって、特にやりたいことはない。就きたい職業があるわけでもない。まあ当分はこのままでいいか、という程度。そうするほかなかったのだ。

そうしてはじまった富士丸との暮らしだったが、ひとり暮らしで犬を飼うというのは、想像以上に大変であることに気づく。まず毎日の散歩。大型犬ともなれば運動量も相当に必要なわけで、毎朝の散歩も一時間近くは必要になる。幸い家の近所には散歩に持ってこいの遊歩道があったので、そこを一駅向こうまで歩くことにした。それは誰にも頼めない。雨でも台風でも、どんなに寒くても、自分が連れて行くしかない。散歩についていては最初の頃こそ面倒に感じる日もあったものの、そのうち歯を磨くくらいの感覚になり、日課として頭にきちんと組み込まれるようになった。

それまでは朝まで飲む、なんてこともざらにあったが、富士丸がひとりで待っていると思うと、そんなこともできなくなった。それはそれで健康的になってよかったのかもしれない。

問題は留守番だった。

遊びの外出なら減らすことはできても、仕事には行かなくてはならない。当時の夜勤の拘束時間は夕方六時から朝の五時までと長かった。それが月の半分はある。富士丸は留守番させると必ず何かを破壊した。クッションにはじまり、リモコン、靴箱、柱、ソファーベッドまで、なまじ力が強いから、ありとあらゆるものを壊すことができる。届かないところへ動かせるものはいいが、柱などはどうしようもない。しかも賃貸なのだ。

だけど、いくら叱っても直らなかった。最終的に、玄関から一メートル半ほどのところにゲートを設置して、留守にするときはその中に閉じこめることにした。柱にはかじれないように鉄板も装着した。すると、ほかに破壊するものが何もなかったのだろう。トイレシートをずたずたに引き裂くようになった。これを片づけるのは精神的にきつかった。留守番の時間が長いので、トイレシートを置かないわけにはいかない。しかし、帰ってくると細かく切り刻まれている。叱って、そのとき反省した顔をしていても、またやる。だけど、仕事を休むわけにはいかない。夜勤明けで朝方帰ると、散乱したトイレシート。それを見たときのため息。その向こうに申し訳なさそうに小さくなっている富士丸。

暮らしていくために働いているのに、どうしてわかってくれないのか。どうして反省しているくせに、また同じことをするのか。仕事から帰ってドアを開けるのが憂鬱《ゆううつ》だった。ひとりで大型犬を飼うのって、やっぱり無謀だったのかという思いがした。

だけどそのことを除けば、暮らしそのものは楽しいものだった。

留守番以外は、部屋中どこでも自由にさせていたし、狭い部屋だから、いつも目に入るところに富士丸がいる。たいていは、俺の隣にごろんと横になり、ときには人の太ももに図々しく顎を乗せてくる。心地よく温かい、その頭を撫でながら、テレビを見るゆったりとした時間。

それは、子どもの頃からしたいことだった。

家にはいつも犬がいた。でも両親は犬を家にあげることをよしとしなかったため、犬はいつも玄関にいた。子どもの俺は、常にそばにいたいと思うのだけれど、部屋が汚れるからと許してはくれない。だから、室内で犬を飼っているという人がうらやましくて仕方なかった。それが今は誰に怒られることもない。自分の思うように、したかったように、いつもそばに犬がいる喜び。好きなところでごろごろしている富士丸の姿を見る度に贅沢な犬だとは思いつつ、そんな暮らしが続いていた。

唯一悩みの種だったトイレシートの粉砕も、二歳くらいになる頃には収まってきた。仕事から帰って、はじめて何もしていなかったのを発見したときの安堵と、それを誉《ほ》めてやったときのあいつの嬉しそうな顔を忘れることはないだろう。

よく一緒に旅行にも出かけた。

奥秩父《おくちちぶ》のキャンプ場。緑に囲まれた川。水面《みなも》がキラキラしていた。足を濡らす冷たい水。後ろを必死に追いかけてくる富士丸。流れの激しいところで立ち往生している姿。

「ははは、なんてザマだ、お前」

助けを求める視線。俺の笑い声が森に響く。川からあがってぶるぶるしている周りに光る水しぶき。夜、遊び疲れて死んだように眠る顔を眺める、おだやかなひととき。バンドなんかもうどうでもいい。こいつがいればそれでいい。お前のために頑張って働くよ。気がつけば、いつの間にか、俺と富士丸は親子のような関係になっていた。

転機と呼べるようなものが訪れたのは、その頃だった。

5

二〇〇四年の春から、俺はある雑誌の仕事に関《かか》わるようになっていた。

「お前もいつまでも夜勤なんぞやってないで、ちょっとこういう仕事をやってみる気はないか」

あるデザイン事務所の社長からそう誘われた。成田さんというその社長は、結婚当初に知り合い、金のない俺によく酒を飲ませてくれた。富士丸の名づけ親でもある。三十を超えても世間知らずの俺にいろいろなことを教えてくれた師匠のような存在だ。本来猫派だそうだが、富士丸のことはよく可愛《かわい》がってくれた。俺のことも気にかけてくれていた。

その雑誌は、成田さんが企画して自ら版元に持ち込んだものらしい。デザインだけでなく、編集もまるごと引き受けるという。そこで当時ふわふわしていた俺に、編集者兼ライターの見習いとして手伝ってみないかということだった。夜勤にうんざりしていた俺は、その話に飛びついた。

雑誌の仕事なんて、まったくやったことがなかったが、なんとかなるだろうという根拠のない自信はあった。少なくとも、あくびをかみ殺してただ時間が過ぎるのを待っている夜勤のバイトに比べたら、百倍やりがいがある。

編集会議、連載企画の提案、外部編集者との打ち合わせ、取材アポ、ラフの書き方、取材、写真の選び方、テープおこし、フリーライターへの原稿依頼、それらすべてに同席し、全力を注いだ。入稿前で遅くなることがわかっている日は、事務所へ富士丸を連れて行ったりもした。

雑誌につきものの占いページの原稿を依頼するために、ある易者のもとを訪ねたときだった。池袋の喫茶店で雑誌の趣旨をおおまかに説明し終えると、初老の易者は黒《くろ》縁眼鏡《ぶちめがね》の奥から上目遣いでこちらを見ながらこう言った。

「ところであなた。生年月日は？」

占いそのものに興味はなかったが、仕事を依頼している立場上そんなことは言えない。俺は聞かれるままに、生年月日やなんやかんやを答えた。すると易者は、いかにも使い込んだ革の手帳のようなものをじっと眺めて言った。

「あなた。今年から運勢はかなり上向きになりますよ」

ほう。生年月日と少しの情報、それとその細かい文字の書かれた手帳で、よく人の運勢がわかるもんですね。俺は思わずそう言いそうになるのを抑えて、話の続きに耳を傾けた。

「今年、来年、再来年《さらいねん》と、段階的に良くなるでしょう。才能が花開き、周囲からも認められ、その評価も上がるとあります。今年から、ホップ、ステップ、ジャンプというように、再来年は、あなたにとって大きな飛躍の年になるでしょうね」

易者はさも自信ありげにそう言った。

「はぁ、そうですか。だといいんですが」

俺はなんと返事していいのかわからず、そう答えた。が、内心では、よく言うよそんなこと、などと思っていた。そんな俺の心を読んだかのように、易者が言う。

「これはたぶんどの占い師にみてもらっても、恐らく同じことを言われるはずですよ。あなたは今、そういう年なんです」

その自信たっぷりな口調の根拠がどこにあるのか、俺にはさっぱりわからなかった。しかし別に悪いことを言われたわけではない。まあそれはそれとして、ありがたくお言葉をいただきましょう。それくらいの感覚だった。

ところがそこから三年で、この占いはことごとく当たることになる。易者の言葉を借りれば〝ホップ〟となるこの年、俺はある人と出会う。それは雑誌の企画段階で連載する人を捜しているときのことだった。

「誰かに連載を頼みたいんだけど、お前、誰か心当たりある？」

「連載ですか。うーん、あ、藤田《ふじた》教授なんてどうですかね」

成田さんにそう聞かれ、咄嗟《とっさ》に答えた。藤田教授とは、「カイチュウ博士」と呼ばれる藤田紘一郎《こういちろう》さんのことで、寄生虫学、免疫学の世界的な権威だ。そんな学者の一面を持ちつつ、自らのお腹でサナダ虫を〝飼って〟さらに「ヒロミちゃん」と名前までつけたりしていたので、〝そのスジ〟でもそれ以外でもその名を轟《とどろ》かせていた。多数ある著書を二十代の頃から愛読していた俺にとっては、アイドルのような存在だった。雑誌は「健康」がテーマだったため、寄生虫学はともかく免疫学の見地で語ってもらうにはもってこいの人物だと思われた。

「何かツテとかあんの？」

「いえ、思いついただけです」

「じゃあ駄目じゃん」

「ですね」

「いいよ、駄目もとで依頼してみなよ」

「恐らく、駄目でしょうね。多忙そうだし」

「いいから、あたって砕け散ってみろ」

とはいえ、連載の依頼なんてしたことがないので、何をどうすればいいのかわからない。とりあえず電話番号を調べてかけてみると、企画書をＦＡＸで送ってくださいと電話に出た女性に言われたので、そうすることにした。何を書けばいいのかよくわからないまま、おおまかな雑誌のテーマと、そこで連載をして欲しいということを小学生の作文のような文面で書いた。最後に「昔からファンなんです」ともつけ加えた。

今思えばひどい企画書だったと思う。

ところがＦＡＸを送った翌日に再度電話すると、藤田教授本人が出てあっさりと連載を快諾してくれた。後日打ち合わせのために藤田教授のもとを訪ねると、憧《あこが》れの人が目の前にいて大変緊張したのを覚えている。

「あの、本当に、連載を引き受けてくださるんでしょうか」

「そりゃあ、まあ、ファンは大切にしないと」

人の緊張をほぐすような笑顔で藤田教授はそう言った。その手には、俺が送った企画書もどきがあり、最後の「ファンなんです」という部分に赤でアンダーラインが引かれていたのだった。

しかし、その連載は二回で終わってしまう。わずか二号を出しただけで雑誌が廃刊になってしまったのだ。広告代理店と版元の判断だった。当時俺は、ひたすら営利目的に走り、クリエイティブのかけらも感じられないこの大人たちのやり口にたいそう腹を立てたが、どうすることもできなかった。

「残念だけど、しょうがないよ」

研究室に頭を下げに行くと、藤田教授は逆に励ましてくれた。雑誌が不発に終わったことは残念だったが、藤田教授に出会えたことは俺にとって大変な幸運だったといえる。

雑誌が終わればもうやることがなかったが、成田さんは俺をクビにしなかった。せっかく編集業務も覚えかけたところなんだから今度は自分で何か企画を考えてみろ、ということだった。とはいえ、何を企画すればいいのかすらわからない。事務所にいたデザイナーは五人ほどで、それぞれ別の仕事をしている中、俺はろくすっぽ仕事もせずに給料だけもらっていたことになる。感謝と申し訳ない気持ちとで、何かをしなくてはと思うものの、結局何もできずだらだらと時間だけが過ぎていった。

そんな生活が続いていた二〇〇五年の夏、俺はブログというものをはじめてみることにした。

雑誌がなくなったせいで書く場所を失ってしまったため、文章の練習でもしようと考えたのだ。軽い気持ちだった。内容だってなんでも良かったが、ネタに困らないだろうという理由だけで富士丸のことを書いた。

それが思いがけず、あれよあれよという間にアクセス数が増えていった。

恐らく、ハスキーとコリーのミックスである富士丸の容姿が珍しかったのと、無謀にも狭い1DKで男が大型犬と暮らしている、というところが読者の気を引いたのかもしれない。開始から半年ほどで、いくつかの出版社から書籍化のオファーが来るまでになった。この年が〝ステップ〟。

明けて翌年の春には、全国の書店にその本が並ぶことになる。まさか自分の書いたものが本になるなんて。これが〝ジャンプ〟ということになるのかもしれない。易者の言った通りになったわけだ。でもそれはすっかり忘れていたことで、後でよくよく考えてみればなるほどそうなっていた、という程度にすぎない。

ひねくれ者の俺は、そうした現状にかなり冷めたスタンスでいた。ブログ人気なんて一過性にすぎない。そんなもんで食っていけるわけがない。本が一冊出ただけでも良しとしよう。その当時からやめどきを考えていた。

本はそれほど売れなかった。期待していたわけでもないが、印税もたいした額ではない。生活だって、何も変わらなかった。しかしその頃から、ぽつりぽつりと原稿の依頼が来るようになり、今度はまた別の出版社からエッセイ本が出版されることになった。

この時期、俺は再びあの易者を訪ねている。

占いをまるまる信じたわけではない。が、三年前に言われたことが結果として当たったのは事実だ。じゃあ今後についてあの易者はどう言うのだろう。悪いことを言われたら信じない。いいことを言われたら信じよう。不安だったのだろう。占いを自己暗示に利用するつもりだった。

久しぶりに会った易者は、とても三年経ったとは思えないほど以前とまったく変わらぬ容貌《ようぼう》で池袋の喫茶店にあらわれた。

「お久しぶりです。実はあれからいろいろありまして、こんな本を出したんですよ」

そういって本を手渡すと、易者は驚いたようすもなく穏やかに笑った。

「ふむ。そうですかそうですか。それは良かったですね」

「いやあ、あのとき言われたようになってるなあと思いまして」

「そうでしょうそうでしょう。運勢はたしかに上昇すると出ていましたから。ただね、それはあなたの力もあるんですよ。何もしなければ、いくら運勢が良くてもその通りにはなりませんから」

「そんなもんですかね」

「そんなものです」

「それでね、あのとき占ってもらったのって、この三年だったじゃないですか」

「そうでしたね」

「いや、今後はどうなるのかなあと思いまして」

「なるほど」

「みてもらえます？」

「もちろんいいですよ」

　そう言うと易者は例の革の手帳をぺらぺらとめくりだした。目的のページを見つけたのか、何やら読みふけっている。ひとしきり経って納得したように小さく頷《うなず》くと、黒縁の眼鏡をすっとあげて言った。

「大丈夫ですよ、あなた。まだ運勢は上昇中です。そうですね、少なくとも四十二歳まではこの調子で伸びるでしょう。そこが恐らく頂点となるはずです」

「四十二？　ということはそこからがくんと落ちるって意味ですか？」

「いえいえ、そうではありません。人生でも、ほら、振り返ってみれば、あのときが一番良かったな、という頃はあるでしょう。つまり、それがあなたの場合、恐らく四十二歳のときというだけで、そこから急に転落するということはないですよ。安心してください」

「そうなんですね」

　いつの間にか、すっかりこの易者の言うことを信じている自分に驚いた。すがる気持ちすらある。

「あの、それで、実はうちに犬がいるんですよ、その、ほら、さっきお渡しした本の表紙にいる」

「ええ、はいはい。これは、また立派な犬ですな」

「そいつ、今五歳なんですけど、何歳くらいまで生きるか、わかります？」

「うーん、それはちょっと難しいですね。易学というのはあくまで人間を占うものですから。犬の運勢、ましてや寿命となると、人間の場合でもわからない部分がありますからね」

「そうですよね」

「ただね、あなたの犬であるわけですから、あなたの運勢が良いうちは、大丈夫なんじゃないですかということは言えますね。かといって、あなたが四十二のときに死んでしまうということではないですよ。あくまであなたが大切にしている存在なわけですから、犬も主と運勢をともにするんじゃないでしょうか」

それを聞いて、救われる思いがした。実は富士丸が五歳になる頃から、その寿命について考えることが多くなっていた。富士丸のことを息子のように感じていた。だけど犬は人間ではない。寿命も短い。大型犬の場合だと、十五歳がいいところだろう。それでもできるだけ長生きして欲しい。そんな思いが募るばかりだった。ひとり物思いにふけっていると、易者が言った。

「これはね、私たちの専門外のことなんですがね、犬については、主の災難を被《かぶ》るという話も聞いたことがありますね。たとえば、飼い主が交通事故に遭っても怪我《けが》ひとつしなかった日に、家に帰ると犬が亡くなっていた、なんていう話とかですね。実際あるそうですね、たまにそういうことが。犬が主の災いを背負ってくれたのかもしれませんね」

「ああ、それなら僕も聞いたことあります。どうなんでしょうね。僕なら背負ってもらわない方がいいですけど」

「あなたの場合は恐らく大丈夫ですよ。特に凶相は出ていませんから」

易者の占いが当たったのか、自己暗示のおかげか、この後の俺は結構いい調子だった。

二〇〇七年頃から仕事の依頼は増えはじめ、新たに数冊の本を出し、連載もいくつか抱えるようになっていく。

その中の一冊は、あの藤田教授との対談をまとめた本だった。連載がわずか二回で終わってしまったことをずっと申し訳なく思っていたので、今度はもう少しまともな企画書を書いて自ら出版社に売り込んでやっと実現したことだった。企画の承諾を得るために再び研究室を訪れたときも、藤田教授は笑顔で全部任せるよと言ってくれた。

ずっと憧れだった人と一緒に仕事ができるなんて、まして共著本が出せるなんて、夢でも見ているかのようだった。

そして二〇〇八年の六月、三十七歳になったのをきっかけにフリーランスになった。ただ、フリーになったのは〝その方が稼げるから〟というのではなく、デザイナーでもないのにこの先デザイン事務所にずっと世話になるわけにはいかない、という考えからだった。

「お前もそろそろ独り立ちしてみろ」

成田さんと話し合った結果、そうなった。

収入だって知れている。この先物書きとしてやっていく自信があったわけでもない。むしろ、不安だらけだった。仕事にしても、ライターとして無記名の原稿を書くこともあったが、そのほとんどは富士丸に関することか、そうでなくても犬関連だった。

まさか自分が独立できるなんて考えてもいなかった。でもそれはほとんど富士丸のおかげだった。いうなれば、自分ちの犬が飯の種だったわけだ。何もなかった俺を、富士丸がここまで連れてきてくれたんだという思いだった。あいつには、どれだけ救われたかわからない。

俺は、背中に羽の生えた富士丸のしっぽにつかまって、空を飛んでいるようなものだった。そこに景色を眺める余裕はなく、あるのは落ちたときの恐怖だった。早く地面に降りて、自分の足で歩きたい。それが当面の課題だった。それに何年かかるのか。最低でも二、三年といったところだろうか。

そしたらブログも止《や》めよう。どこかの山で、富士丸とのんびり暮らそう。

その夢は、あまりにも突然終わった。

6

連続飲酒は、あの夜以来、ずっと続いていた。

会社員であれば、あるいは家族でもいれば、無理矢理でも出勤するほかなかったのかもしれない。ところが俺は、フリーで、独身で、しかも養うべき家族もいない。唯一の家族と呼べる存在、それが富士丸だった。

仕事をする気には到底なれなかった。何もする気が起こらない。酒に逃げることしかできない。そんな自分が情けなかった。

着替えもしない。歯も磨かない。風呂にも入らない。誰のいうことも聞かない。まさに「廃人」と呼ぶに相応《ふさわ》しい姿になっていたに違いない。相変わらず布団に横たわったまま、だらしなく開いた口からよだれを流していた。ときおり目が覚めると、おもむろに酒を飲む。どこもかしこも滲んで見えた。そしてまた昏倒《こんとう》した。

俺は、どこかの港のそばに立っていた。遠くに大きな貨物船が停泊しているのが見える。人工的に整備された灰色の寂しい景色。あたりにはコンテナが並べられていた。よく見ると、そのコンテナには窓やドアが設置されており、仮設住宅として使われているように見えた。それらが等間隔で並べられ、果てしなく続いている。相当広い敷地になっているらしい。それぞれのコンテナにはたしかに人が暮らしている形跡があるにもかかわらず、あたりを見回しても人影ひとつなかった。振り返ってみると、ずいぶん先に防波堤が見えた。

ここはいったいどこなのか。そう思っていると、前方のコンテナの陰から陰へと素早く何かが横切るのが目に入った。高さから人間ではない。猫か。猫にしては大きい。犬か。犬？

そうだ、富士丸。

ここへはたしか富士丸と一緒にやって来た気がする。何をしに来たのかは忘れてしまったが、このあたりにあいつも必ずいるはずだ。そう思って影の見えた方に走った。

「富士丸！　どこだ？　どこにいる」そう叫んでも、どこにも姿が見あたらない。碁盤の目のように置かれているコンテナが邪魔で、よく見えない。すると右の方でまた何かが横切った。「そこか？　そこにいるのか？」慌ててそっちに駆け寄るが、やっぱりいない。「おーい、どこにいるんだよ。早く出てこいよ。こんな不気味なとこからはさっさと帰ろうぜ」それでも出てこない。うーん、かくれんぼしている場合ではないのだが。

今度は目の前のかなり近いコンテナの陰から何かが飛び出して、またすぐコンテナの陰に消えた。隠れる瞬間のしっぽが見えた。先だけ白い、あのしっぽ。やっぱり富士丸だな。「こら、遊んでるんじゃないんだぞ、そこか！」自信を持って覗いた先には、ただの通路があるだけだった。ため息をついていると、さっきの防波堤の先に何やら大きな犬がいるのが見えた。少し前にこのあたりにいたはずなのに、いつの間にあんなところへ。しかも遠すぎて、それが富士丸かどうかなのもわからない。「ちょっと待ってろよー！　すぐそっちへ行くからな」と走るが、途中からコンテナの並びが段々とずれてきて、まっすぐ進むことができなくなった。曲がってみるのだが、今度はどこをどう行けば防波堤に出るのかわからない。見えるところに行けないもどかしさに腹が立つ。邪魔すんなよ、コンテナども。俺はあそこに行きたいんだよ、あそこへ行って俺の犬を連れて帰るんだ。富士丸も富士丸だ。呼んだらすぐ来んかい。ああ、このクソコンテナめ。

チャイムの音で目が覚めた。

頭がぼうっとする。からだがいうことをきかない。

またチャイムの音が鳴る。

時計を見ると、時刻は八時すぎだった。外は暗い。夜の八時なのか。

起きる気がせず、そのまま横になっていた。

すると、今度はドンドンとドアを叩く音がする。

「いるんだろ！　おい、開けろ！」

あまりの大声に、俺は居留守を使うのを諦め、這って玄関まで行った。

ドアを開けると、そこには見覚えのあるふたりの顔があった。ひとりは編集者の大《だい》門《もん》さん、もうひとりはフリーライターの野々山さん。ふたりは大学の同期で、年は五十代半ば。何かにつけてお世話になっていた。歳《とし》の離れた俺をよく美味《うま》い店に連れて行ってくれたし、狭い俺の部屋へ呼んで宴会をしたことも多々ある。いつも笑いながら「まあ、いろいろあるけどさ、ま、なんとかなるよ」と言ってくれる〝この道の大先輩〟といったところだ。葬儀場の映像にもふたりの顔があった。

その人たちが、かなり怒っているようすだった。入るぞ、と言うとふたりは俺を押しのけるようにしてずかずかと部屋の中まで進み、大門さんが言った。

「お前、ちょっとそこへ座れ」

いつもの大門さんと明らかに態度が違う。言われた通り、ソファーに崩れ落ちるようにして座る。

「いつまでこんなことやってんだ、この馬鹿が！」

野々山さんに怒鳴られた。この人が怒ったところを見たのは、それがはじめてだった。それでも俺はまだ頭がふらふらしていて、何を怒られているのかいまいちわからない。隣に座った大門さんが続く。

「わかるよ、富士丸が亡くなって君がどれだけ悲しいかくらい。俺だって、犬飼ってるんだから。もしケンちゃんがいなくなったらと思うと、そりゃ」

曖昧《あいまい》に頷くことしかできなかった。

「でもな、だからってお前、いつまでこうやってんだよ。どれだけみんなが心配してるかわかってんのか？」

そして大門さんは、ある人の名前を言った。書評家の東《あずま》さんだった。

東さんとこのふたりとは古くからの友人で、俺とは富士丸がきっかけで知り合った。

東さんの旦那《だんな》さんが、超のつく音楽マニアであることもあって、富士丸ごと自宅に招いてもらい、音楽を聴きながら美味《おい》しい手料理をご馳走《ちそう》になったこともあった。東さんも日頃から何かと気にかけてくれており、十月一日も俺の人脈作りになればと出版社のパーティーに誘ってくれたのだった。

しかし大門さんによると、東さんはそのことに酷く責任を感じているという。もし自分があの日に誘ったりしなければ。この日も心配でようすを見に行きたいのだが、どうしても外せない仕事があったため、自分に代わって行ってくれるよう大門さんと野々山さんに頼み込んだらしい。

恐らく東さんに報告しているのだろう。キッチンの方で野々山さんが電話で何やら話している。

大門さんが俺の肩を揺さぶりながら言う。

「なぁ、しっかりしろよ。もう何日になるんだよ、こうして倒れて」

「何日、になるんですか?」

このときはわからなかった。

「六日だよ。六日間も酒飲み続けてんだよ、お前は」

「そう、なんですか」

大門さんの言葉に、ちょっと驚いた。よく生きてるなと思った。

「こんなこといつまで続けるんだよ。それで富士丸が帰ってくんのかよ。どれだけ周りに心配かけたら気が済むんだよ」

俺は揺さぶられるまま、ぐらぐらと揺れるだけだった。

「明日」

そう言われても意味がわからず、大門さんを見る。

「明日、もう一度来る。みんなで来る。いいか、それまでにしゃんとしとけ。わかったか？」

わからなかった。

「お前、いい加減にしろよ」

電話を終えた野々山さんが俺の前に立って言った。

「死ぬんならさっさと死ね」

「死にたいですよ、俺も」

本心だった。

「だけど、首くくる場所もないし」

「何言ってんだよ、首吊る場所なんてざっと見ただけでも十箇所はあるよ、この部屋には」

「そう、なんですか？」

全然わからなかった。

「教えないけどね。とにかくもうこれ以上周りに迷惑かけんな」

「まあまあ、野々さん」

大門さんがなだめる。そして俺をまっすぐに見た。

「それからもうひとつ」

「な、なんですか？」

「明日、富士丸が死んだことをブログで公表しなさい」

大門さんの顔が鬼に見えた。

「無理ですよ、そんなの。絶対嫌です」

「じゃあどうする？　このまま隠し続けるのか」

「わかりません。でも、明日ってのは、ちょっと」

「明日だ。明日、三時に来るからそれまでに文章を書いとけ」

それは俺にとって、拷問《ごうもん》だった。無理だと思った。そもそも何をどう書けばいいというのか。黙り込んでいると大門さんにまた肩を掴まれる。

「三行でいいんだ。ちゃんと自分で報告しろ。どれだけ多くの人が心配してるかわかってんのか。ブログが一週間も更新されないなんてこれまでなかったじゃないか。何かあったんじゃないかって、騒がれ出してるんだよ。みんな心配してんだよ。そんな人たちが、どこかから漏れた情報を耳にしたらどうなる？　そんなことになるくらいなら、本人の口からちゃんと聞きたいはずなんだよ、絶対。な？　お前の口からちゃんと言えよ。もうこれ以上隠しておけないんだよ、俺たちだって」

「すいません……、自分でもまだ信じられないのに、無理ですよ」

どうしていいのかわからず俯《うつむ》いていると野々山さんが言った。

「お前、物書きだろう」

「物書きっていうか、なんていうか……」

「とにかく文章書いて食ってんだろ？」

恐い。この人、こんなに恐かったっけ。

「ええ、まあ」

「なら書けよ」

「書けないですよ」

「書くんだよ！」

「無理です、俺には」

野々山さんが大きなため息をつく。

「あのな、物書きってのは、自分の身にどんなに悲しいことがあっても書くんだよ。それができなくちゃ駄目なんだよ。何甘えてんだよ、書け。俳優だったら家族が死んだ日だって、舞台に立たなくちゃいけない。コメディアンはどんなに辛《つら》いことがあっても人を笑わせなくちゃならない。できないなんて言うんじゃないよ。お前も、物書きならどんなことがあっても書け。悲しいことがあっても、書け」

「だからって、富士丸のことは書けませんよ。だいたいなんて書けばいいんですか」

本当にわからなかった。できれば、富士丸のことは書かずにこのまま消えてしまいたかった。

「自分で考えろよ、それくらい」

もし富士丸が死んでしまったとしたら、それは自分のせいだ。それを認めるのが恐かった。非難されるのが恐かった。

「やっぱり書けません」

「わからん奴だなあ。自分のことだろう？　きっちり自分でけじめつけろよ」

「いや、なんか、冷静になれないんですよ、富士丸のことについては。だから、もう少し時間もらえませんか」

「駄目。明日だ」

大門さんがぴしゃりと言う。どうして明日にそんなにこだわるのか、このときはわからなかった。

「わかりました。書きます」

野々山さんが、よし、と頷く。

「でも……」

「でも、なんだ」

大門さんが言う。なんだかよくわからないが、このふたりはそれぞれの役目が決まっているかのように絶妙のコンビネーションで迫ってくる。

「あの、今のこの状況じゃあ、ちゃんとした文章が書けるとは、とても思えないんですよ。だから、ブログで公表する前に、一度読んでみてもらってもいいですか。更新ボタンは、その後に押します」

「わかった」

ふたりが同時に答えた。そして大門さんが続ける。

「読んでやる。だから書け。自分の手で。しっかりと。いいか、明日だぞ。明日の午後三時に来る。それまでに、ちゃんと書いておくこと。量は書けるだけでいい。それからこの散らかった部屋、これもちゃんと片づけて、その汚れた服も着替えてきちっとしとけ。わかったな、明日だぞ。返事は？」

「……はい」

教師に叱られる小学生の心境だった。泣きたくなるほど情けなかった。東さんに申し訳ないと思った。

その後、何度も念を押してから、ふたりは帰って行った。

それでも明日までにしゃんとする自信など、この時点ではなかった。もちろん富士丸の死を公表する文章など書ける自信なんてあるわけがない。再びひとりになった部屋で、うなだれていた。

逃げ出したい気分だった。そして、また布団に倒れ込んで眠ってしまった。


次に気がつくと、誰かが枕元《まくらもと》で泣いていた。

見れば、編集者の中田さんだった。鍵《かぎ》をかけ忘れたのだろう。歳は俺より十歳ほど上。自身でもチェリーという黒のラブラドールレトリーバーを飼っていることもあり、普段から富士丸のことを「丸ちゃん丸ちゃん」と呼んでひたすら可愛がってくれてい

た。富士丸も中田さんが自分に甘いことをわかっていて、会えばオヤツをねだってい
た。俺が「そんなに甘やかさないでくださいよ」と注意するほどだった。中田さんは
赤い車に乗っていた。その車でたくさんのところへ遊びに行った。富士丸は、その車
を見ただけでリードをグイグイ引っぱって飛び跳ねていた。

記憶にある車は、その赤い車だった。俺を担いで車に乗せて、火葬場まで連れて行
ってくれたのはこの人だったのだ。その中田さんが、今、枕元に突っ伏して泣いてい
た。

「丸ちゃんは……、幸せだったと思うよ。だって……、ほんとに幸せそうだったから。
いつもにこにこしててさ……、しっぽぶんぶん振っててさ……、だから、穴澤さんの
せいじゃないよ……、穴澤さんのせいじゃないって……、丸ちゃんは、丸ちゃんは
……幸せだったよ……」

そう言いながら泣いていた。

大の大人が泣いている。どうしていいかわからなかった。どうすることもできなか
った。横になったまま固まっていた。視界がみるみる滲んでいった。

そのときになってやっと「何やってんだろう、俺は」と思った。

こんなにたくさんの人に迷惑をかけて。火葬の手配も人任せ。仕事の連絡も何もし

ない。電話にも出ない。飲んで倒れてばかり。毎日来てくれた人もいる。何か食べろと口元まで食べ物を運んでくれた人もいる。叱ってくれた人がいる。泣いてくれた人がいる。それなのに、いつまでも。

起き上がると、俺はその場で土下座した。

7

時刻は零時を回っていた。連続飲酒も七日目に入ったことになる。

枕元で泣いていた中田さんにこれまでのことを深く詫びて見送った後、頭の中ではそれまで聞いたことのない自分の声が響いていた。

富士丸は死んだ。それはもう疑いのない事実だ。お前だって薄々気づいていたはずだ。もうそろそろ諦めろよ。いつまで逃げたら気が済むんだよ。どれだけ周りに迷惑かけたか考えろ。いい加減にしろよ。

俺は、まず酒を抜くことにした。

冷蔵庫からミネラルウォーターのペットボトルを出すと、六日ぶりとなる水を飲んだ。人間が六日間も日本酒と酎ハイだけで生きられるものなのかどうかは知らない。ひょっとしたら無意識のうちに体が水を求めて少しは飲んでいたのかもしれない。しかし、自らの意志で酒以外のものを口に入れようと思ったのは、これがはじめてだった。

久々に飲む水は、よく冷えていて、たまらなく美味しく感じた。これまで飲んだ、どんな飲み物より美味かった。こぼれた水が喉元を濡らすのを気にもせず、がぶがぶと飲み続けた。いくらでも飲めそうな気がした。

細胞が受けつけるだけの水を飲むと、俺は再び布団に横になり、朝になるのを待つことにした。天井を見つめ続けていると、少しずつ頭がはっきりしていくような気がした。眠気はまったく訪れない。これまでの数日間腐るほど寝ていたので当然かもしれない。

酒が抜けていくに従って、それまでは霧につつまれたようなぼんやりした世界が、くっきりと輪郭《りんかく》を露《あら》わにしはじめていった。それは、あまりにも重たい現実だった。

これは、夢じゃないんだな。

そうなんだな。

富士丸。

俺、ひとりになっちゃったじゃん。

朝まで一睡もできなかった。

明るくなるのを待って、シャワーを浴びた。鏡の中の自分を見る。虚《うつ》ろな目。腫《は》れた瞼。げっそりとこけた頰《ほお》。べたついた髪。まるでシャブ中患者のようだった。

念入りにからだを洗って、部屋に戻ると、とても人間が暮らしているとは思えないほど荒れ放題だった。そこらじゅうに酒の瓶が転がり、酎ハイの缶が散乱し、しわくちゃになったティッシュやタオルがいたるところに落ちていた。

そんな部屋の隅に、ちょこんと富士丸の骨壺が置かれていた。まだ、包みさえ開けられていなかった。いたたまれない気持ちになった。

ゆっくりと白い布をほどくと、中の箱には「富士丸」という小さく書かれた文字がたしかにあった。心の中で詫びた。

「ごめんな、ほったらかして。認めるのにずいぶん時間がかかっちゃったよ」

そこから掃除をして、大量のゴミを片づけた。誰かが多少は片づけてくれていたのかもしれない。ゴミ袋にまとめてあるものもあったが、あまりに酷い汚れっぷりだったので、午前中いっぱいかかった。何か食べなくてはと思うものの、まったく食欲はなかった。

携帯電話を見ると、いくつもの着信がある。その多くは友人たちからの着信履歴だったが、中には蓼科の土地の仲介業者からのものもあった。突然の契約中止を申し訳ないとは思いつつ、折りかえす気持ちにはなれなかったので、後日連絡することにする。

お昼近くになってようやく自分が素面《しらふ》に戻ったような気がした。心配してくれた友人たちに電話し、この一週間のことを心から詫びた。自分が何を言ったのか、何をしたのか、覚えていないことが多すぎた。それが逆に恐かった。

「大丈夫だよ、気にするな。それよりお前、大丈夫か」

友人のひとりが言った。

「うん、なんとか。酒も抜いたし」

「ていうか、呂律《ろれつ》が怪しいぞ」

「え？　そうなの？」

六日間にもわたって連続飲酒を続けたのだ。自分が素面だ、という感覚すら麻痺《まひ》していたのだろう。それでも少しずつ体が軽くなっていった。

一応、あの人にも連絡しておくか。

「なんや、どないした。元気か？」

かなり久々の電話だというのに、俺、とひとこと言うと、いつもの能天気な声が聞こえてきた。

親父《おやじ》も富士丸のことはとても可愛がっていた。時々大阪から出てきては写真を撮ってアルバムなどを作っていた。

「元気、ではないな」

「なんやどないしてん、風邪《かぜ》でもひいたか」

親父と話すとどうも調子が狂う。関西弁に戻ってしまう。

「あのな、富士丸やけどな」

「富士丸がどないしてん。元気にやっとるか。やっと涼しなって喜んどるやろ」

言いづらい。どう言えばいいのかわからない。

「実はな」

「なんやねん、神妙な声出して」

「富士丸がな……」

「だからどないしてん」

「富士丸がな、あいつな、死んでもうた」

「はあ？　何言うとんねん。この前までぴんぴんしてたがな」

「………」

「なんや、ほんまか？　ほんまなんか？」

「うん」

「なんでまた。いつ？」

「十月一日の夜」

「病気でもしてたんか？」

　そのときの様子を説明する。親父は黙って聞いていた。話し終えると沈黙が続いた。これ以上もう何を話せばいいのかわからなくなり、電話を切ろうとしたときだった。

「しゃあない」

　親父がきっぱりそう言った。「しゃあない」とは関西弁で「仕方がない」「しょうがない」という意味だ。そんなひとことで終わらされても、不思議と腹は立たなかった。親父も犬が大好きで、子どもの頃からうちにはいつも犬がいた。その親父が言うのだから、しかも自分の倍も生きてきた人間の言葉なのだ。重みが違う。

「んじゃ、そういうことで」

「おい、賢《まさる》」

電話を切ろうとする手が親父の声で止まる。

「何よ」

「お前は、大丈夫なんか？」

「まあ、大丈夫。というか、大丈夫じゃないときは過ぎた」

「わし、そっち行こか？」

「来んでええよ。来てどうすんねん」

「ほんまに行かんでええか？」

「だから来てどうなんねん」

なぜか東京へ来ようとする親父をなんとか説得して電話を切った。別に親父が来たところでどうなるわけでもない。

それでも親父にとって、俺はやっぱり息子なんだと改めて実感した。富士丸のことはたしかに可愛がってはいたが、今は俺の方が心配らしい。それでもそっとしておいて欲しかった。

息子、か。富士丸は俺にとって、まぎれもなく息子だった。犬の息子だった。いくら頭では犬だとわかっていても、やっぱり息子だったのだ。家族を失うというのは、こんなにも辛いことなのか。

母親が亡くなったとき、俺は泣かなかった。両親は早くに離婚していて、俺はいったん母親に引き取られ、後に父親が親権を勝ち取って迎えに来た。ふたりの姉は、母方と父方に別れた。家族は文字通りばらばらになった。当時俺は小学三年だったが、両親を恨んだことはない。子どもながらに仕方がないと思っていた。

母親は再婚し、それ以降はたまに会う程度だった。そして俺が二十六歳のとき、神戸の病院で亡くなった。がんだった。よく見舞いに行ったが、あっけない最期《さいご》だった。その場に立ち会いながら、俺は泣かなかった。涙が出ないことが不思議で仕方なかった。

しゃあない。たしかにその通りかもしれないが、富士丸がいなくなった今、とてもそんな気分にはなれない。涙が止まらなかった。

午後から、パソコンに向かった。何を書いていいのかは、わからないままだった。書いては消し、書いては消し、約束の時間が刻々と迫ってくる。結局、いつもなら三十分もかからない量を、三時間近くかかって書いた。でも、普段なら多少意識している読み手側の感覚がわからない。この文面を読んだ人がどう感じるのかという視点にまったく立てなかった。

その日の夕方、俺は近所の蕎麦屋《そばや》にいた。

大門さんたちは、約束通り午後の三時すぎにやってきた。頭を下げると、書いたか、と聞かれ、一応書きましたと答えた。そして部屋を見渡すと、よし、と大門さんは頷いた。

「よく書いた」

下書きを読んだ野々山さんに言われ、脱力する。そのとき、東さんがやってきた。東さんにも頭を下げる。すると、東さんは俺を見るなり「よく帰ってきたわね、おかえり」と言ってくれた。

その後、全員が下書きを読んだ後、特に修正箇所もないまま「じゃあ、押せ」と言われ、更新しようとした瞬間、成田さんが部屋に入ってきた。そして、みんなに背中を押されるかたちで、俺はブログの更新ボタンを押した。大門さんは、そのとき富士丸の遺骨を胸に抱いていた。俺はもう後のことはどうなろうとかまわないと思っていた。

蕎麦屋には、大門さん、野々山さん、それからこの人たちと知り合うきっかけを作ってくれた成田さんらによって連行されていた。「とにかく何か食え」と連れて来られたのだ。前日にあれだけ怒っていたふたりは、元の温厚な〝先輩がた〟に戻っていた。成田さんだけはただひとり呆れ顔だった。

その席で、もしも今日になっても同じ状態が続いているようだったら、精神科に強制入院させることも考えていたのだと聞かされた。それにブログが更新されない状況が読者の混乱を招いており、様々な憶測が飛び交っていて、いつ情報が漏れてもおかしくない状況だったとも聞いた。

ひたすら小さくなっていると、野々山さんが瓶ビールを手に持って言う。

「ま、良かったよ、無事で。とりあえず献杯でもするか」

目の前のグラスにビールを注《つ》がれたが、口をつけるのが精一杯だった。胃もすっかり小さくなっていたのだろう。いくら勧められて食べようと思っても、だし巻き卵を二きれほど食べたらお腹がいっぱいになってしまった。

それはこの一週間にわたる、俺の行動、それを心配した人たちのことを耳にしたことも関係していたかもしれない。友人、知人、仕事関係の人に至るまで、今日は誰がようすを見に行って、俺がどうしていたということをお互いに連絡を取り合ってくれていたらしい。そんな中での醜態だった。別の意味で死にたくなった。

その夜帰宅したとき、ドアを開けるのが恐かった。この向こうには、もう富士丸は待っていない。真っ暗な部屋へ、ひとりで入る。考えてみれば、そんなことはこの部屋で暮らすようになってはじめてのことだった。だけど、帰らないわけにはいかない。富士丸の遺骨はこの部屋にあるのだ。心を決めてドアを開ける。やっぱり、富士丸の姿はそこになかった。

それでも「ただいま」と声に出して言った。明日は祭壇をつくろう。そう心に決めながら。

8

寝たのか寝ていないのかわからないうちに翌朝を迎えた。

祭壇をつくろうと思ったものの、どこに行けばいいのかわからない。しかも犬用の祭壇となると、ますますわからない。そもそも犬用の祭壇なんてあるんだろうか。

「あるよ、基本的には人間用と同じ。普通の仏壇屋に行けばあると思うよ」

葬儀屋に納める花屋で働いている友人のソワンに電話をすると教えてくれた。ソワンの本名は前峭《まえそわ》だが、そう呼んでいる。高校時代からのつき合いで、かつてのバンドメンバーでもある。ソワンの顔は、酩酊した中でも見た記憶がある。心配して駆けつけてくれたひとりだった。

「ありがと、じゃあちょっと探してみるわ」

そう言って電話を切った後、すぐにまたソワンから折り返しかかってきた。

「今さ、知り合いに聞いてみたら、こういう場合は〝後飾り祭壇〟というのを置くらしいんよ。で、それならひとつ余ってるのがあるから、もしよければ持っていくって言ってくれてるけど、どうする？　もちろん新品だよ。今日家にいる？」

「いるけど、いいの？　そんなのもらって」

「いいってさ。なんか、富士丸のこと知ってる人で、何かしたいんだって」

結局、その日の夕方四時に祭壇を届けてもらうことになった。

夕方にはまだだいぶ時間がある。祭壇を置く場所を考えた。富士丸が好きだった窓際に置くことにする。その付近を丹念に掃除した。祭壇には遺影も必要だ。パソコンを開き、写真を選ばなくてはならない。選べなかった。誰かに騙《だま》されているような気がした。画面には、つい最近撮影した富士丸がいる。嘘みたいだった。仕方なく、大量の画像データをＣＤに焼き、そのうち何枚かを大きく引き延ばしてもらうことにする。写真屋に持っていき現像を依頼すると、「これ、全部現像するんですか？」と驚かれた。現像代は一万円を超えた。

写真ができるまでの時間に、あるところに向かう。

家から歩いて五分ほどのところに、その建物はあった。富士丸を連れてよく訪れた動物病院だ。

あの夜に心配してくれた先生にお礼を言わなくては。そう思ってドアを開ける。

こうして、何度あいつとここを通ったことだろう。春から秋にかけて飲ませるフィラリア予防薬も、わざわざ毎月取りに来た。その度に簡単な診察をしてもらうためだった。あいつが五歳になる頃からは、年に一度はしっかりした健康診断を受けさせることにした。それも七歳になってからは半年に一度にしようと考え、今年一回目となる検査はすでに受けていた。それなのに。

「あの、先生はいらっしゃいますか？」

受付にいる女性は恐らく事情を知っているのだろう。驚いた顔をしたあと、少々お待ちくださいと言ってすぐに消えた。

がちゃり、という音がして、先生が出てきた。俺は頭を下げる。

「今回のことは、なんと言って良いのか……」

「いえ、こちらこそ、これまでありがとうございました。無事、火葬も終わったので、そのご報告にと思いまして」

「それはわざわざ、どうも。それで、原因は、お調べになったんですか」

「いえ、あんまり覚えていないですが、病理解剖したところであいつが帰ってくるわけでもないですし、メスを入れる気にもなれず」

「そうですか。犬の場合、人間と違って解剖しても死因が特定できない場合も多いですから。だけど、あんなに元気だったのに」

俺はその先生を信頼していたし、感謝もしている。それは今も変わらない。いつも精一杯、一生懸命対応してくれた。後でまた別の人に聞いた話によると、コリーという犬種は生まれつき心臓に疾患を抱えている場合があるらしい。それは弁の疾患なので、検査をしてもなかなか見つけられないという。半分コリーの血が入っている富士丸に、疾患がなかったとは言いきれない。それに、犬には脳梗塞《のうこうそく》のようなものもあるらしい。いずれにしても、もう富士丸は戻らない。俺は先生に改めてこれまでの礼を述べて、病院を後にした。

でき上がった写真を受け取って帰宅すると、三時を少し回っていた。携帯電話が鳴る。見ると親父からだった。大丈夫だって言ったのに。

「何よ、どうした。俺なら大丈夫よ」

「おお、そうか」

どうやら外らしい。後ろがやかましい。

「まあなんとかやるしかないよ。今日祭壇が届く予定やから、落ち着いたらまた線香でもあげに来てやって」

「そうか。今日、祭壇届くんか」

「うん、もうすぐ」

「ほんなら今日行くわ」

「だから、来んでええっちゅうとんねん。落ち着いてからでええから」

「せやけどなあ」

「せやけど、なんやねん」

「わし、今、新宿なんやけど」

「ええっ！」

その後、親父はうちに押しかけて来た。頼んでないのに。来るなと言ったのに。無理矢理に。強引に。

「東京まで来てもうたら、さすがにお前も帰れとは言わんやろ」

呆れた。今朝思い立って新大阪へ向かったらしい。

「いやあ富士丸がおらんようになったら、お前おかしなるんちゃうかと思ってな」

玄関に足を踏み入れた瞬間からしゃべりっぱなし。いつものことだった。

「死んでまうんちゃうか、思てな」

「死ぬかいな」

死にたいと思ったことは話さなかった。

「なんですぐ知らせてくれんかってん」

「いや、まあ、ちょっと、いろいろあって」

「なんやねん、まあちょっとって」

「まあええやん」

「そうかあ、富士丸、おらんようになってしもたんか」

「まあ、そうやね。ほら」

富士丸の遺骨が入った箱を指さす。

「そうか。しかし立派な箱に入れてもろて」

ぼうっと立っている俺に親父が言う。

「富士丸もな、可愛らしいやつやったけど、やっぱりな、犬やからな。人間ちゃうからな。犬っちゅうのは、早《は》よ死んでまうからな」

「それにしてもまだ七歳半やから……」

「たしかにな。そら可哀相《かわいそう》やけど。でも、しゃあないがな」

大きく引き延ばした富士丸の写真を手にした親父がつぶやく。

「せやけど、ほんまに可愛らしいやつやったなあ」

実家で最後に飼っていた犬を思い出す。名前はチエ。茶色い小さな犬だった。十六年生きた。

「最後にな、ふうっと大きな息しよった」

知らせを受けて実家に帰ると親父はそう言った。小さい頃はよく一緒に遊んだチエ。だけど中学高校へと進む間にバイクだバンドだバイトだと明け暮れて、すっかり目の高さも変わっていた。かまうのは、出かけるときと帰ってきたときだけ。それも二十六歳でひとり暮らしをはじめてからは、あまり実家によりつかなくなっていた。前日には危ないかもしれないと聞いていたのに、俺は大丈夫だろうと高を括《くく》っていた。遅かった。あれだけ好きだったチエの最期にすら立ち会えなかった。親父は、最後の最後までちゃんと見届けてやっていた。

約束の時間になってそれは届けられた。持ってきてくれたのは、ソワンと、その知り合いだという恰幅《かっぷく》のいい男性だった。もらった名刺には薄田《すすきだ》さんとある。わざわざ喪服を着ている。ソワンと薄田さんにお礼を言っている隣で、なぜか親父も名刺をもらっている。

　そこに置こうと思って、と窓際を指さすと薄田さんは慣れた手つきで祭壇となる板を組み立ててくれた。瞬《またた》く間に横幅六十センチ、奥行き三十センチほどの桐《きり》でできた祭壇ができ上がる。そこに置く線香立て、灰とそれを入れる器、おりん、といった小物も用意してくれていた。その上に遺骨の入った箱を置き、遺影を飾ると、その場所が急に神聖なものへと変わったように見えた。ほんの少しだけ、心が落ち着く。

「あの、富士丸くんにお線香あげさせてもらってもいいでしょうか」

　正座した薄田さんに言われ、ありがとうございますと頭を下げる。

「私も犬を飼ってるんですけどね、辛いですよね。これまで何頭も看取《みと》ってきたんですけど、慣れることなんてないですから。さぞやお辛いでしょう。しかも突然のことだったとか」

「ええ、ほんとに突然で」

「富士丸くんのことはね、本で知ったんですよ。最初はどことなく恐い顔の犬だなあと思ってたんですけどね、そのうちなんかすごく可愛く見えてきてね、好きだったんですよ。だから、私もショックで」

「いえ、だけど、本当にありがとうございます。こんなに立派なものいただいてしまって」

　お礼を言う俺の隣で、親父がソファーに腰掛けながら「そうや、感謝せなアカンぞ」と頷いていた。この人がいるとどうも調子が狂う。それぞれが線香をあげてから、しばらく座って話をしていた。

「しかしお前、すごかったな」

　ソワンが言う。

「何が？」

「覚えてる？　俺がここへ来たの？」

　少しだけ覚えていた。何を話したのかは知らない。

「お前な、俺が来たとき、そこで寝てたんよ」

「そうだっけ？」

「十月二日の夜。お前がえらいことになってるって聞いて。それで来てみたら俺の知らん人もいっぱいいて。そうそう、入れ違いくらいにお前の元嫁とも会ったよ。お前から連絡もらったって。だけどお店を休むわけにはいかんからと言ってたわ。富士丸は葬儀屋に渡した後でおらんかったけど、元嫁はちゃんと挨拶したって言うてたよ。そんで、部屋に入ったらお前を取り囲むようにみんなが座ってて。でもお前寝てるし、声かけても起きないし、どうしたもんかねえっていう雰囲気だったんよ」

連絡した記憶はないが、そうか、富士丸は人間のお母さんにもお別れを言ってもらったのか。

隣を見ると親父が興味津々で聞いている。

「ま、その話は、また今度でいいじゃん」

親父にはあまり聞かれたくなかった。

「そしたらさ、突然ガバッて起きたんよ、お前が」

話を止めないソワン。

「それで、ぐるっと周囲を見渡して、なんかびっくりしてんのよ。『なんでお前らおるん？』とか言って」

まったく覚えていない。

「そしたらさあ、横に置いてあった日本酒のワンカップをカパッて開けて、それを一気に飲んだんよ」

止めてくれ、その話は。

「みんなが、『もう止めろ！』って止めてんのに、それでも構わずさらに新しいワンカップをさーっと飲んでさ。そんで、ばたん、よ。死んだかと思ってびっくりしたわ、俺」

「そら、えらい迷惑かけて、すんませんでしたなあ」

親父がソワンに謝る。

「いえいえ、いいんですよ、長いつき合いですから。それにこいつが富士丸をどれだけ可愛がってたか、みんな知ってますから」

何も言えなかった。

「そんなことが……」

初対面の薄田さんにまで俺の醜態を知られてしまった。

「でも、わかりますよ。ひとり暮らしでしょ、それで、あの存在感ですから。いなくなったときの喪失感も相当なものだったでしょう」

あのとき感じていたのは喪失感だったのだろうか。もっと何か別な激しいものだったような気がする。怒り。暗闇の中に蠢《うごめ》く怒り。自分に対する怒りもあったが、不条理な現実に対する激しい怒り。その中には突然消えてしまった富士丸に対する怒りもあったように思える。今は……。

「賢、富士丸のこと、一生忘れたらあかんぞ」

唐突に親父が言った。

「そんなもん、言われんでもわかっとるわ！」

やっぱりこの人と話すと調子が狂う。

その夜、親父は大阪へと帰って行った。強引に押しかけてきたわりには、あっさりしたものだった。

「なんやお前の周りには、ええ友達がぎょーさんおるみたいでちょっと安心したわ。ほな、元気でやれよ」

帰り際、親父はそう言って軽く手を振った。

これからも
毎日散歩に行けますように。

二〇〇九年十一月　余波

1

富士丸がいなくなった後のことに関して、俺は自分なりに覚悟をしているつもりでいた。

しかしいざそうなってみると、それは想像を遥《はる》かに超える破壊力で、俺は見事に壊れてしまった。

予想もしていなかった事態に陥ってしまったのだ。

まず、食欲が湧《わ》かない。丸一週間、食事らしい食事をしていなかったというのに、それ以降も食欲が戻ることはなかった。固形物は受けつけず、仕方なくコーンスープのようなものか、せいぜいレトルトのお粥《かゆ》をすする程度だった。

夜も眠れなかった。さすがに「魔の一週間」のこともあったので、酒は飲まないようにしたが、いくら眠ろうとしても眠れなかった。少し眠っても、睡眠は浅く、変な時間に目が覚めてしまい、そこからまた眠れなくなるという日が十日ほど続いた。

「大丈夫？　ちゃんと夜眠れる？」

友人の女性から電話があったのはその頃だった。素直に眠れないし食欲もないと告げると、薬を飲むことを勧められた。なんでもその人も昔、飼っていた猫を亡くした際に同様の症状になってしまい、悩んだ結果安定剤と睡眠導入剤を処方してもらったのだという。

「不思議なものでね、薬を飲むと一応はお腹《なか》もすくし、眠れるのよ。抵抗はあるかもしれないけど、そのままだとからだ壊しちゃうから、病院へ行ってみたら？　それに弱い薬で十分だから、精神科なんか行かなくても、普通の病院で出してもらえるから。うん、そうした方がいいよ」

食欲についてはまだいいとして、眠れないのは大変な苦痛だったので、翌日には病院へ行くことにした。

なんとなく犬のことが原因でと言うのが嫌で、医師には「父親が亡くなって」と嘘《うそ》をついた。

簡単な検査の後、意外にあっさりと薬をもらえた。処方してもらったのは「デパス」と「ベンザリン」、前者が安定剤で、後者が睡眠導入剤。どちらもそれほど強くはない薬だという。

ちなみにこのときの血液検査では、γGTP《ガンマ》をはじめ、どこにも異常が見あたらなかったのには驚いた。俺は、ひょっとしたらアルコールのカロリーだけで生きていける特殊な体質なのかもしれない。

薬については、飲みはじめてすぐにその効果を実感した。

一応、腹も減るようになるし、夜も多少眠れるようになった。ただし、変な時間に目が覚めるのはあまり変わらなかったので、医師に頼んで睡眠導入剤は「リスミー」という薬に変更してもらった。そのあたりは人によって〝合う合わない〟があるらしい。

薬のおかげで食事と睡眠はなんとかとれるようになっても、それ以外にもおかしくなってしまったところがたくさんあった。感覚という感覚が鈍くなってしまったのだ。

味覚はほとんどなくなり、何を食べても美味《おい》しいと感じることはなくなった。あれを食べたいこれが食べたいとも思わない。とりあえず、腹に入るものであれば何でもよくなった。それまでは結構自分で料理をしていたが、一切しなくなった。食べるものはコンビニの弁当か、インスタントラーメンくらい。ガスコンロを使うのは、お湯を沸かすときだけになった。

時間の感覚も曖昧《あいまい》になった。ちょっとぼうっとしていたと思ったら数時間が経過していたり、かと思えば、何度時計を見ても遅々として進まなかったりといったことが頻繁《ひんぱん》に起きた。

記憶力も著しく低下した。買い物に行っても何を買おうとしたのか忘れてしまっていたり、数日前のことがどうしても思い出せなかったりした。

それに以前は、合理的に考えて複数のことを同時にこなせたのに、それもできなくなった。洗濯をしながら掃除機をかける、というような単純なことまで別々にしかできなくなった。何かひとつのことに集中すると、ほかのことを忘れてしまうのだ。

デパスを飲んでも、それらは〝多少和らぐ〟という程度だった。

それでは生活に支障をきたすので、今日やるべきことや、買う物、仕事、人との約束にいたるまで細かくメモをとるようにして、それを逐一見ながらひとつずつこなす、という按配《あんばい》だった。

それ以外の行動でも、できないことが増えた。

テレビを見ることができない。以前は夜になるとニュース番組をはしごするように見続けていたのに、それができなくなった。試しにつけてみるが、なぜか耐えられない。それは何事もなかったかのように平和に過ぎていく社会を妬《ねた》む、といった感情論からではなく、単純に目と耳が受けつけない。目が画像を追えない。簡単にいうと、うるさいのだ。世間で今何が起こっているのかなんて、一切興味がなくなっていた。

あれだけ好きだった音楽も聴けなくなった。試しにビートルズの『レット・イット・ビー』あたりを聴いてみるが、何も感じなかった。「なすがままに」という気分にはどうもなれない。心に、ぐっと来ない。

人間の脳は、極端に衰弱すると、生きるため以外の情報をシャットアウトしようとするのかもしれない。

ただし音楽に限って言えば、比較的早い段階で戻ってきた。二週間もしないうちに、あの曲が聴きたい、と思うようになった。でも聴きたいのはいわゆる「名曲」ではなく、自分が中学、高校の多感な時期に聴いた「RCサクセション」や「泉谷しげる」といった日本語の曲だった。しかも、暗い歌詞であればあるほど心に響いた。

富士丸とかつて歩いた遊歩道を避けてしまうようにもなった。なんとなく恐くて通れないのだ。幸い駅に向かう道とは反対方面だったため、通る必要はなかったが、それでもあれだけ毎日歩いた遊歩道を見るのが恐ろしく、思わず目をそむけてしまうほどだった。なぜだかわからないが、顔見知りだった犬連れの人たちとも顔を合わせられなくなった。そうした人が遠くに見えると、俯《うつむ》いて気づかれないように通り過ぎた。きっと「あれ、いつものワンちゃんは？」と聞かれるのが嫌だったのだろう。答えたところで相手も困るだけだ。同情されるのもごめんだった。

雨の日も最悪だった。なぜか俺の脳は、倒れていた一週間ずっと雨が降っていたと記憶している。朝起きて雨が降っていると、あのときの気分に逆戻りしてしまうようだった。

体にあらわれる変化で困ったのは、手が震え出すことだった。よく見ると、それほど震えてはいない。だけど、自分の感覚としてはぶるぶる震えているように思え、そういうときは、力も入りにくかった。同時に、これまで味わったことのないような浮遊感にも時折襲われた。まるで自分のからだがすっと軽くなるような不思議な感覚。平衡感覚もおかしくなり、自分がまっすぐ立っているのか、傾いているのかもわからない。いいようのない不安と胸騒ぎがする。それでもまっすぐ歩こうと思えば歩けたから、あくまで自分の中で感じていた異変だった。

その度に、じっと収まってくれるのを待った。自律神経がおかしくなっていたのかもしれない。

犬は、平気だった。

「うちの犬、連れて行くのやめとこうか？」

心配して訪ねてくれようとした友人に聞かれたが、むしろ連れて来てくれと頼んだ。久々に会ったコーギーのハナちゃんは、可愛《かわい》かった。ころころしていて、温かくて。そういえば以前にうちに来たときは小さいくせに、自分の倍以上ある富士丸に吠《ほ》えてたっけ。でもその日のハナちゃんは、よそよそしかった。いつもは人懐っこくて、おてんばだったのに、何かを気づかっているように大人しかった。そして部屋に置かれた富士丸の祭壇を不思議そうに見ていたが、近寄ることはなかった。

不思議と、仕事はできた。というか、文章を書いているときだけは、気持ちが少しだけ楽になった。人とも普通に話すことができた。編集者との打ち合わせも問題なく行えた。対談で誰かと話すこともあった。

「どう、調子は？」

そう言って野々山さんは頻繁に電話をくれ、その度に飲みに誘ってくれた。そうしたときも元気ではないが、普通に会話できるようになった。東さんも、大門さんも、しょっちゅう連絡をくれた。前田さんも仕事帰りに何度も家に来てくれた。それ以外にも、たくさんの人たちから連絡があり、夜な夜なうちにやってきては、料理が一切できなくなった俺のために、食べるものを持ってきてくれた。

「まあなんとかやってます」

その度に、できるだけ平静を装っていた。

編集者を通じて、藤田教授が大変心配しているという話を耳にした。藤田教授とは十月四日に同じ壇上に立つ予定だった。獣医師協会主催のイベント。犬や猫の健康についてついて語るはずだった。藤田教授へのイベント出演依頼は俺からしていた。あの夜、混乱した頭でイベント会社に出られなくなった旨、連絡した記憶がある。藤田教授にも直接電話したはずだ。事情を説明したうえで、ひとりで出てもらうようお願いし、その際に富士丸のことはどうか伏せていてくださいと頼み込んだような気がする。結果的に藤田教授はひとりでイベントに出演し、富士丸のことについてはひとことも語らなかったという。そのことを思い出し、申し訳ない気持ちでいっぱいになった。

「ずっと心配してたんだよ、大丈夫？」

悩んだあげく電話すると、藤田教授は本当に心配そうにそう言った。

「いやあ、もうほんとにびっくりしましたよ。けど、もう大丈夫ですから。いやいや、本当にご心配をおかけしました」

俺はイベントに関することを詫《わ》びてから、精一杯おどけて見せた。

親父《おやじ》からも頻繁に電話がかかってきた。その度にありがたくも鬱陶《うっとう》しいような気持ちになり、大丈夫だから何かあったらこっちからかけるから、とぞんざいに答えた。

友人たちが食材を買い込んできて、鍋《なべ》パーティーを開いてくれたこともある。そのときに友人のひとりが買ってきたポン酢が、あまりにもこだわりの感じられない品だったため、わざわざ買ってきてもらったものなのに、思わず「何よ、このポン酢は」と漏らしてしまった。すると、それを聞いたひとりが「お、ようやく悪態のひとつもつけるようになってきたか」と笑っていたこともあった。

だから、富士丸がいなくなって一ヶ月が過ぎた頃、周りからは結構〝まとも〟に見えていたかもしれない。

だけどその内面は完全に崩壊していて、かろうじて面の皮一枚で体裁を整えながら社会生活を送っているようなものだった。

富士丸がいなくなっただけで、世界は一変してしまった。

それは一面に広がる色鮮やかな花々の写真から、突然一切の色彩が消え、中に写る花も枯れ果ててしまったような変化だった。見慣れた景色がまったく違って見える。心から笑えない。何かが足りない。

自分が、自分じゃなくなったみたいだった。そう思うことがよくあった。自分のことが、客観的に見られなくなったのだ。

ふと、昨日の自分が何を考えていたのかわからなくなることがあった。または、なんでそんなことをしたのか思い出せないこともあった。恐らくその時点では、自分で考えて行動しているのだろう。でもそれは今日の自分から見たら、異常な行動だと思えるようなこともあった。そんなことははじめてだった。いつもなら、何かしようとする自分に対し〝待った〟をかけるもうひとりの自分、あるいは上空から〝また馬鹿なことやって〟と見下ろす自分がいた。そのもうひとりの自分がいなくなってしまった。つまり、今、自分が正常なのか異常なのかの判断ができなくなったのだ。

異常な人間に、自分が異常だという認識はない。おかしいのは、周りであり、他者なのだ。しかし昨日の自分が異常だと気づいたとき、それほど恐いことはない。

最初の一週間が明けて以来、俺は自分では正常だと思っていたが、時が経《た》つにつれ、その頃の自分が異常であると気づいた。朝の五時に友人に対して「僕はもう大丈夫ですから」などという長文のメールを送っている。そんなやつは、全然大丈夫じゃない。そう思っている今の自分のことも俯瞰《ふかん》で見ることができない。それでまたしばらくしたらやっぱりあのときはおかしかったと気づく。そんなことが繰り返されていた。

酷《ひど》いときは、自分の書いた原稿の内容すらほとんど覚えていないことさえあった。幸い編集者のチェックもあるし、一応仕事は〝別回路〟でやっていたのだろう。

特に何か大きな失敗をやらかすこともなかった、と思う。それでも、今の〝正常だと思っている自分〟が実はそうでもないかもしれない、という不安と恐怖は、相当なものだった。精神的にはこれが一番きつかった。

そのために日記をつけることにした。昨日の自分が何を考えていたのか、そして今日の自分が何を考えているのか、明日の自分が確かめられるように。そうやって一日ずつ、自分が異常でないかを確認する。それでバランスをとるしか方法がなかったのだ。

2

病院の待合室の長椅子《ながいす》に腰掛けていた。

もう受付を済ませてから、たっぷり一時間は経っている。近所にあるメンタルクリニック。早い話が精神科。そこを訪れようと思ったのは自分の意志によるもので、十一月の末のことだった。抵抗はなかった。

「まさか、俺が精神科へ行くことになろうとは」

それくらいの感覚だった。古い三階建ての白い建物。どこにでもある病院、といった風情《ふぜい》だ。

中に入ってみると、左が受付になっていて、その奥が待合室になっている。これも普通の病院と似たようなものだった。変わっているのは、やたらとドアが多いこと。待合室から見えるだけで、六カ所ほどドアノブのついた扉がある。そしてそれぞれに鍵《かぎ》がかかるようになっている。

月曜の朝だというのに、そこにはすでに十人ほどの人が順番を待っていた。待合室には会社員風の男性、主婦らしき人、お年寄り、髪を長く伸ばした青年、さまざまな人が大人しく座っている。見たところ、どこも悪そうなところのない人たちばかりだった。

それでもほとんどは通院している人だと思われた。受付の女性や看護師さんとのやりとりから「馴染《なじ》み」であるような雰囲気が感じられた。

「はいはい、ご予約いただいた方ですね。では、これとこれ、それからこれに名前と、あてはまる箇所に丸をつけてください」

受付で名前を告げると、いたって事務的に、数枚の紙を渡された。見るとアンケート用紙のようなものだった。それは何枚か綴《つづ》りの複写になっていて「最近、何か楽しいことはありますか？」「眠れないことがありますか？」「自分は必要ない人間だと思うことがありますか？」といった質問が並んでいた。その横に「ある」「たまにある」「ほとんどない」「ない」とある。そのような問いが五十個ほどあり、また別の用紙にも同じような質問が並んでいた。恐らくそれが鬱病のひとつの判断基準になるのだろう。中にはどうでもいい質問もある。

俺はうんざりしながらも、えんぴつで真面目《まじめ》にそれらの問いに印を付けていった。偏見があったわけではないが、病院内はいたって静かだった。どこからか奇声が聞こえることもなく、暴れている人がいるわけでもなく、みな行儀良く自分の名前が呼ばれるのを待っている。一時間半ほど待ったとき、やっと俺の名前が呼ばれた。

「どうぞ、こちらへ」

そういって看護師の若い女性に連れて行かれたのは、三畳《じょう》ほどの小部屋だった。ドアのうえには「第三診察室」とある。机と椅子が並んでいるだけの、ドラマで見る取り調べ室のようなところだった。白い壁と小さな窓が、かろうじて明るい雰囲気を演出しようとしている。促されるまま、奥の席に座る。その向かいには、さきほどの看護師と、いかにも研修生っぽい感じの若い女性が、着慣れないナース服で、できるだけ神妙そうな顔をつくって座っていた。

「先生の診察の前に、簡単な問診をさせてもらいますね」

看護師がさきほど俺の書いたアンケート用紙をぺらぺらと見ながら言う。

「で、どうされましたか？」

そう聞かれて俺は急に面倒臭くなった。いちいちこちらを妙に気づかう態度にいらつく。

「いや、ちょっと薬を出して欲しいだけです」

「と言われても、まず症状を判断しないことには」

困惑したように看護師が言う。その横で頷《うなず》く研修生。

「いや、だからね、鬱病ではないと思うんですよ」

「でもそれは先生に診《み》てもらってからでないと、なんとも」

来るんじゃなかったと後悔した。

この時点で、俺は自分の身に起きていることを、かなり冷静に把握していたつもりでいた。その結果、自分が鬱ではないと判断していた。せいぜい鬱のちょい手前、といったところだろうか。

鬱病というのは、なんらかの外的要因、もしくは身体的なバランスの崩れから、セロトニンなど安心感をつかさどる脳内物質が極端に少なくなった結果陥る「病」だ。充実感はなく、何もやる気が起こらなくなり、不安ばかりが募る。そのことにより自己嫌悪に陥ったりするが、結局のところは思考回路の問題だ。ネガティブな方へ向かうのは脳内物質の影響で、酷くなれば自殺願望に発展する。

「ペットロス」と呼ばれるものも、ペットとの別れによってもたらされる、一種の鬱病だろう。連続飲酒の頃の俺は、瞬間的に重度の鬱状態になっていたのかもしれない。

人間は複雑なようで、簡単にできている部分もあって、快楽、欲望、安心感、不安感、といったものは、すべて脳内物質がもたらす感覚だ。自殺した人の脳と、それ以外で亡くなった人の脳をスライスして特殊な液体につけて比べると、自殺者の方はセロトニンがほとんど見つからない、という検証をテレビで見たことがある。

ここからが鬱病、という明確なラインを引くのは難しいし、段階もあるのだろうが、自分ではそこまでは行っていないという自覚があった。それは頭でわかっているのだが、いったんおかしくなってしまった脳内のバランスを取り戻すのは難しい。マイナスに向かうベクトルをプラスにするのは並大抵のことではない。だから一時的に、薬の力を借りようとしたのだ。しかも、より強い薬を。

デパスじゃ弱いかもしれないな、と考えるようになったのは十一月中頃だった。

例の妙な浮遊感と手の震えが頻繁に起こるようになったのだ。常に情緒不安定ぎみで、おかしな言動もあった。それはデパスを飲んでも、あまり効果がなかった。

「そうですね、あまりに続くようだったら、メンタルクリニックへ行くのもひとつの手かもしれませんね」

それまで薬を処方してもらっていた病院で症状を告げると医師はそう言った。

そこでメンタルクリニックとやらを調べてみると、家から徒歩十分くらいのところに、それなりに大きな病院があることがわかった。歩いて行ける距離、というのが俺の背中を押した。ひとまずどんなところだろうという興味と、もう少し強い薬を処方してもらえるかもしれないという期待から、電話で予約したのだった。

自分が鬱病であるかどうかは、正直なところさほど興味がなかった。問題は、自分の身に何が起こっていて、どう対処するべきかということだった。薬も、その対処の方法のひとつだと考えたのだ。俺には、鬱病になっている暇はない。いつまでも人に頼っている自分が嫌だった。

家族がいればよかったのにねえ。誰かの声が聞こえる。

そしたら、誰かと肩を抱き合って泣けたのに。支え合って励まし合い、立ち上がれたかもしれないのに。

だけど、この結果を招いたのは自分だ。俺は、人にもたれかかられるのが嫌いだった。自分の足で立ちなさいよ。人に支えてもらおうとするなよ。自分に足りないものを補ってもらおうとするなよ。甘えるなよ。甘えてもいいけど、根本的なところでは自立してくれよ。つき合った女性に対して、いつもそう思っていた。間違いだった。甘えているのは、俺だった。欠けているのも、俺だった。富士丸が、俺の欠けた部分を補ってくれていただけだった。富士丸がいなくなったら、簡単に転んでしまった。ひとりで起き上がることもできない。すべては、自分のせいなのだ。

ほとんど意味のないと思われる事前問診を終えると、俺はまた待合室に戻された。周りにいる人はさらに増え、五つほどある茶色い長椅子はすべて埋まっていた。見た目はいたって正常だが、みなそれぞれに深刻な悩みを抱えているのだろう。ほとんどが鬱の人のようだった。少し離れたところで、母親に付き添われた三十歳は過ぎているであろう男が、上下スウェット姿でうなだれていた。

「しっかりせいよ、お前」

そう心の中で声をかけたが、それは俺も同じようなものだった。病院について、二時間が経過した頃、ようやく診察室に入るよう呼ばれた。

「はいはい、そこに座ってね」

どう見ても七十歳は超えている白髪の医師がいた。さきほどの問診で看護師が書いていたカルテを老眼鏡ごしに眺めている。

「大丈夫ですよ、安心してください。多いんですよ、最近。まあ、こういう社会ですからね」

「は？」

どうもこの病院は俺を鬱病にしたいようだ。問診では嘘をつくのも面倒で、素直に犬が死んだことが原因だと答えていた。

「いえ、あの、そこに書いてませんか？　少し前に、犬が……」

そう言うと、老人はカルテを眼鏡《めがね》にくっつきそうなほど近づけて何やら探している。

大丈夫か、この人。

「ああ、ああ、はいはい。なるほどね。ワンちゃんね。うんうん、わかりますわかります」

「あの、それで今、デパスを飲んでるんですけどね。その、なんていうか、もうちょっと強い薬をもらえないかと思いまして」

そう言うと、医師ははじめてこっちを向いた。やっぱり七十は超えてる。

「デパスね、はいはい。あれじゃあ弱いでしょ」

滑舌《かつぜつ》が悪い。

「ええ、そうかもしれません」

「はいはい、恐らくペットロスというやつですね」

「まあ、そうかもしれませんね」

「こんなのはね、薬でぱあっと治しちゃいましょう」

「治る、もんなんですか」

「はいはい、治りますよ。今はいい薬がたくさんありますからね」

「そうなんですか」

「とりあえず、一週間分出しますから、それ飲んでみてください。ずいぶん楽になるはずですよ」

医師は、そう言うとたどたどしい手つきでカルテに何やら書き込み、奥にいる年配の看護師を呼んだ。

「ああ君、この人にはね、これとこれ、出してあげて」

「あの、できれば安定剤だけじゃなくて、睡眠導入剤もお願いできますか」

「はいはい、じゃあ、これも出しておきましょうか」

そこで医師が激しく咳《せ》き込む。痰《たん》が絡んでいるような咳《せき》だ。

「大丈夫ですか、先生」

年配の看護師が慌てて背中をさする。大丈夫かよ、ほんとに。

結局この日は「コンスタン」という安定剤の一種と「レンドルミン」という睡眠導入剤、それから「レキソタン」という頓服薬《とんぷくやく》をもらった。

「ときどき、うっと胸が締めつけられるように苦しくなるときがあるでしょ。そういうときに飲むといいですよ」

白髪の医師が言うには頓服薬は水なしで飲める薬で、瞬発力のある安定剤のようなものらしかった。

結果的に、それらの薬は一週間ほどで飲むのを止《や》めた。俺には強すぎたのだ。たしかに、どんと落ち込むことはなくなった。しかしそれは、ひたすら低空飛行をしているようなもので、ナチュラルにずっと落ちている状態が続くのだ。この薬を飲んでいる時期に会った人は、俺のようすがどこか変だったという。とにかく口数が異常に少なかったらしい。

製薬会社に勤める知り合いに相談したところ、この手の薬は相性もあるので、強すぎると思ったら飲まない方がいいと言われた。

一般的に抗鬱剤と呼ばれる薬は、その人に合うか合わないかを見極めるのが大変難しいという。脳の中はやっぱりそれでも複雑なので、ひとりひとり微妙に効くポイントが違うらしい。一発で自分に合うものが見つかればいいが、合わない薬を飲み続けても、なんの解決にもならない。俺の場合、精神科でもらった薬は合わなかった。ただそれだけのことなのだろう。

そもそも、薬でどうにかしようという発想が間違っているのかもしれない。ようはドーピングと同じなのだ。覚醒剤《かくせいざい》や多くのドラッグが中毒症状を起こすのも、ドーパミンやアドレナリンといった成分を外部から取り入れるうちに、自分では作り出せなくなって、薬がないと一切の快楽や喜びを感じなくなるからだという。鬱の場合も、基本構造はこれに近いはずだ。いくら薬によって一時的に心を安定させたところで、いつまでもそれに頼っていれば、いずれは抜け出せなくなるのは目に見えている。

それがわかっていながらも、俺は安定剤をデパスに戻して飲み続けた。

3

「慟哭《どうこく》」という言葉には、なぜ犬という漢字が入っているのだろう。

寄せる感情には、波があることを知った。それはたいてい足元で揺れていて、いつも膝下《ひざした》を濡《ぬ》らしていた。ところが、突然大きな波がやってきて、全身ずぶ濡れになる。濡れるだけならまだいいが、波にさらわれそうになることもあった。事実、何度かさらわれた。

安定剤を飲みつつも、俺は仕事を再開していた。仕事をするくらいしか気のまぎれることがなかったからだ。でもひと息つこうと後ろを振り返ると、いつもそこら辺でごろごろしていた富士丸がいない。だから脇目《わきめ》もふらず、パソコンに向かっていた。机の下も見ないようにした。それ以外にも、頻繁に打ち合わせに出かけるようにした。そして出かけるときは、できるだけ近所の景色を見ないようにした。どこを歩くときも、できるだけ何も考えないようにした。

それでも常に頭には富士丸の顔があった。近所のコンビニを見ても、立ち食いそばを見ても、駅前のケンタッキーを見ても、かつてその前で待っていたあいつの影を探した。かつてあいつがいたことのある場所が目に映る度、まるでそれがスイッチであるかのように、映像が流れ出す。それはあらゆる場面で滑り込んできた。その度に、きつく目を閉じる。

長年からだに染みついていたのか、朝はちゃんと起きることができた。毎朝、散歩に行かなくてもいいことに落胆した。

のろのろと起き出して、コンビニで何か買ってきて無理矢理食べて、日中はずっと仕事をする。夜になると、また弁当か何か買ってきて無理矢理食べて、睡眠導入剤を飲んで眠る。判で押したような毎日を過ごしていた。とにかく目の前のことに集中し、今日一日を乗りきろうとしていた。

最初の大波がやってきたのは、富士丸がいなくなって一ヶ月が経った頃だった。

それまでの間、俺は猛烈に働いていた。一度はできそうにないからと断った仕事も、ぜひやらせてくださいとお願いして受けた。それ以外も依頼されれば全部引き受けた。ライターのひとりとして参加する予定だった単行本の原稿も、自分で締切を設定して前倒しでやることにした。

その仕事が十月の終わりで一段落してしまう。

ある朝起きると、今日やるべき仕事が何も見つからなかった。前倒しで何かやろうにも、打ち合わせなり取材なりの予定が済んだ後でないと、取りかかることができない。

そのことに気がついたとき、いいようのない不安が襲ってきた。それは仕事がなくなることに対する不安ではなく、明らかに別の何かに対する怯《おび》えだった。同時にそれまで必死に堪えていた感情が、一気に押し寄せてきた。

ベッドから出ることもできずに、頭から布団を被《かぶ》った。大声で叫びそうになる。心臓が焼ける。爪《つめ》が拳《こぶし》に食い込んだ。

どうしようもなくなって、起きたばかりだというのに、眠剤に手を伸ばすと数日分を一気に飲んだ。最近の薬がその程度の量で死ねないことは知っている。ただ、この瞬間を、眠ってやり過ごしたかった。ついでに、控えていた焼酎《しようちゆう》も飲んだ。睡眠導入剤と酒を同時に飲むのはからだに悪いと知っていたが、どうでも良かった。

やがて大波は渦を巻いて、俺はその中央に飲み込まれていった。

その後、二日間にわたって地の底をさまよった。ようやく意識がはっきりしたのが、三日目のことだった。ただこのときは、ほとんど酒は飲まず、ずっと眠っていたと思われる。ほとんど記憶がない。またやってしまったという思いだった。腐った言い訳を繰り返す。俺はどこまで弱い人間なんだと自己嫌悪に陥った。

これが目に見えてわかった「第二波」だった。

「どうせろくなもの食べてないんでしょう？　今度の週末にうちにいらっしゃい。何か美味しいもの用意しとくから。そんで泊まっていきなさい」

そんなとき、東さんから電話があった。きりたんぽ鍋をご馳走《ちそう》してくれた。

結局、また人に頼ってしまった。だけど、このことでずいぶん救われた。なぜだか知らないが、東さんの家で旦那《だんな》さんと食卓を囲んでいると、富士丸がいなくなったのが遠い昔のことのような気がするのだ。

富士丸の思い出話をたくさんした。東さんの家に来たときのあいつのようすが目に浮かんだ。ずっと誰かの隣にいて、何かおこぼれをもらおうと企《たくら》んでいたあいつ。俺にバレると、バツが悪そうに隠れたあいつ。でもまたすぐに、誰かの隣にちょこんと座っているあいつ。

翌朝起きて、昨日の残りと味噌汁《みそしる》で朝食を食べた。

「また、いつでもおいで」

マンションの一階まで見送ってくれた東さん夫妻に手を振って帰った。これで明日から、また頑張れそうな気がした。

それ以降は、以前のように、がむしゃらに働く日々が続いた。またひたすら自分を追い込んだ。しかし結局のところ、そうした努力は、逃げていただけであることにようやく気づく。

部屋には、富士丸の祭壇を設け、花も飾り、毎日朝夕と線香をあげていたが、その前にじっと座ることはなかった。無意識に向き合うことを避けていたのかもしれない。一連の儀式が済むと、そそくさと自分の仕事机に向かうだけだった。

十一月十八日。その夜、俺は、はじめて富士丸の遺影の前にまっすぐ座り、ビールを飲んだ。

そしたらまた大きな波がやってきた。だけどそれは、以前のような荒々しいものではなく、じんわりゆっくり、少しずつかさを増していく、おだやかな波だった。もう、身を任せることにした。

昔は、夜になるとほとんど必ず酒を飲んでいた。そのときに、富士丸にもオヤツをひとつあげるのが、いつの間にか〝決まり事〟になっていた。そして、「今日もおつかれ、ま、お前は何もしてないけどな」と頭を撫《な》でる。そんな毎日だった。

大量に現像したものの、見ることのなかった写真の束を手に取って眺めた。

そこには、富士丸がいた。いつ頃、どんなときに撮ったのか、ちゃんと覚えていた。

とめどなく涙が溢《あふ》れてきた。

いいよ、泣くよ、もう。

泣きたいだけ、泣く。

だって、お前のこと、大好きだったから。

富士丸

4

十一月の二十二日。

その日、吉祥寺《きちじょうじ》の井の頭公園で「富士丸をおくる会」というものが開かれた。きっかけは周囲からの声だった。富士丸の突然の死をブログで公にしてからの読者の反応は、大変なものだった。コメント数はサーバーのリミットの三千に達したがそれでも収まらず、連載していたウェブサイトが設けた特設ページには、四千近くのメッセージが寄せられた。それだけ多くの人々が富士丸の死を嘆き悲しみ、悼《いた》んでいる。そういう人たちのためにも、きちんと〝お別れの場〟を設けた方がいいのではないか、という話になった。

会を開催するにあたっては、実に多くの人たちが無償で関《かか》わってくれた。連載の担当者から、広告関連の人、東さんや野々山さん、大門さんも忙しい中を縫って当日駆けつけてくれることになった。中田さんも来てくれるという。さらに、ソワンや薄田さんも加わって、会場の下調べから花の手配まで、無駄のない動きでそれぞれの人たちが得意分野で準備を進めてくれた。おかげですべてがスムーズに運んでいく。その場に同席しているだけで、俺はほとんど何もしていない。

会場は野外音楽堂。どれくらいの人が来るのか。どうなるのか。誰にも予測できなかった。それにもし当日雨が降ったらどうなるのか。

そうした不安の残る中、当日の朝を迎える。予報は雨だった。俺は、迎えにきてくれた人の車に乗って吉祥寺へ向かった。腕には富士丸の遺骨を抱いていた。途中で、ぽつぽつとフロントガラスに雨が落ちてきた。

「雨か、富士丸。どうした、お前、晴れ犬じゃなかったのか」

そう心で語りかける。富士丸は、晴れ犬だった。俺は「晴れ男」や「雨女」という話を信じない。ひとりの人間が天候を左右するわけがない。しかし、もしかしたら「晴れ犬」というのはいるのかもしれない。

富士丸と出かけるときに、雨が降った記憶がほとんどない。どこかへ遊びに行く予定の前夜の予報が雨でも、なぜか当日になるとカラッと晴れるのだ。それも一度や二度ではない。帰り支度をして車に乗ったとたんに雨が降り出す、なんてこともよくあった。その度に俺は「晴れ丸」と呼んで面白がっていた。

「そうか、死んだら晴れ丸効果もそれまでか」

会場へ向かう車の中で、富士丸が本当にいなくなったことを実感していた。

井の頭公園に到着して準備を進める間も雨はしとしと降っていた。この分だと、ずっと雨だな。みんなが諦《あきら》めていた。その間にも、ちらほらと人が集まりはじめ、やがてそれはぞろぞろへと変わり、開始時刻の午前十一時を迎える頃になると音楽堂の周囲は数え切れない人で埋め尽くされた。

何かひとこと挨拶《あいさつ》を、とマイクを渡されたが何を話していいのかわからなかった。それよりも、その直前に突然やんだ雨に内心驚いていた。

ステージには企業が提供してくれた富士丸の写真パネルが飾られ、訪れた人は壇上にあがってそれらを眺めてから、舞台袖《ぶたいそで》に置いてある遺影と遺骨の前を過ぎ、俺の座る席の前を通って階段を下りる、という流れになっていた。

挨拶を終えると、多くの人が富士丸の遺影の前で号泣していた。俺はその人たちの横顔を見ていた。こんなことは、やるべきではなかったかもしれない。人をわざわざ悲しい気持ちにさせるなんて。なんだか申し訳ない思いでいっぱいだった。

「これまでありがとう」「どうか気を落とさずに」「早く元気になってください」多くの人たちから、たくさんの励ましの言葉をもらった。泣き崩れて言葉にならない人もいた。ふと見ると、遠くの方ではひっきりなしに宅配便の軽トラックがやってきて、花や贈り物をスタッフに渡していた。

そんな中、俺は自分がその場にいないような妙な感覚を覚えていた。自分ではない誰かが自分という人間を演じている。そんな気がしてならなかった。

結果的に終了時刻の十五時まで、会場を訪れる人の列が途切れることはなかった。

正確な数はわからないが、配ったポストカードの減りから計算すると、千二百人以上の人が訪れたことになると聞いた。

驚きだった。会ったこともない犬のために、これだけの人が集まるなんて。別れを惜しんでくれるなんて。自分の犬ながら、あいつは、なんてやつなんだ。

最後にまたマイクで挨拶をした。大勢の人が残っていて、挨拶を終えると拍手をしてくれた。こちらが何かしてあげたいと思ったのに、逆に励まされるかたちになってしまった。

自分ちの犬のためにと、どこかおこがましい気持ちがあったが、やってよかったのかな。来てくれた人は、何かの区切りになったのかな。なってくれてるといいな。

そう思いながら空を見上げると、またぽつぽつと雨が降ってきた。

やっぱり「晴れ犬」というのは存在するのかもしれない。

「晴れ丸」め。最後の最後まで晴れ丸だったな。そんなことをぼんやりと考えていた。

頰《ほお》にあたる雨は、とても冷たかった。

5

怒り、という感情はときに生きる活力となることがある。十二月の頭、俺はある強烈な怒りを感じていた。

それは土地に関する問題だった。しかし、同時に大いなる精神的苦痛でもあった。着信履歴にあった蓼科の仲介業者に連絡したのは、少し落ち着いてからだ。地主にも悪いと思い、直接電話して事情を説明したうえで謝った。

その後、俺の元に「内容証明郵便」が届いた。十一月中旬のことだった。送り主は電話で「事情はよくわかりました」と言った地主。中を見ると、見慣れない文字間隔の開いた書式の文面がある。内容は契約違反があったので違約金をいついつまでに支払えというものだった。

契約は直前で中止にしたはずだ。正式契約もしていないのに、これ以上違約金など払う必要がどこにある。けれど相手は、手付金を支払った際に交わした契約書は有効であるという。俺には意味がわからなかった。

土地の正式契約は十月二日に予定されていた。その席で、俺は残金を支払い、正確には金融機関が支払い、署名捺印《しょめいなついん》して正式にその土地登記の名義変更をするはずだった。

ただ、十月一日の夜に前田さんを通じて、契約の解除を申し出ていた。当日の夜は先方に連絡がつかず、明けて翌日の朝一番には知らせたと聞いている。手付金放棄による契約解除だった。

相手には後日連絡して、犬のために家を建てようとしていたこと、その犬が死んでしまった以上もう土地を購入する理由がなくなったこと、でもそんなのはあなた方には関係のない話で理由にならないかもしれないこと、もちろん既に支払っている手付金は放棄すること、また精神的に参っていて直接連絡するのが遅れてしまったこと、などを詫びていた。

契約書をもう一度よく見てみるが、そこには「すでに履行《りこう》の着手があり、書類による通告をしても残金の支払いに応じない場合、違約とみなす」というような文面がある。

履行の着手、とは、すでに取り決めた何かを実際に行うという意味らしい。買う予定だった土地には何もしていない。草一本抜いていないのだ。さらに、書類による通告も受けていない。

そこではたと気がついた。書類による通告とは、この「内容証明郵便」のことではないか。内容証明郵便など受け取ったことがないので、これが何を意味するのかわからない。が、書面による通告には違いない。無性に腹が立った。こちらが一方的に中止を申し出たとはいえ、事情は説明しただろう。お前らには血も涙もないのか。そのまま放置しようかと思ったが、なんとなく嫌な予感がした。

翌日、俺は都庁にある不動産取引相談窓口を訪ねていた。怒りのパワーは無気力な人間を行動的にするらしい。契約書や書類一式を担当者に見せながら事情を説明した。

「これはまずいですね」

ひとしきり内容を把握した担当者の顔が曇る。途端に不安になる。

「まずいとは、どういうふうに」

「これはね、法律上、喧嘩《けんか》を売られたんですよ」

「喧嘩、ですか」

「そう、胸ぐらを摑《つか》まれた状態、というところですね」

「じゃ、次はどうなるんです?」

「殴られます、がつんと。つまり、裁判所から支払い命令がきます」

「え、じゃあ、どうすればいいんですか?」

「胸ぐら摑んできた腕を、ぐいっと放すしかないです」

やってやろうじゃないか。

「どうすればいいんですか？」

「あなたも内容証明を相手に送るんです」

「え、僕が？」

「相手は、あなたが契約に違反したと主張しているでしょう？」

「みたいですね」

「今度はあなたから、いや契約違反はしていないですよ、したがって違約金を支払う義務はないと主張すればいいんです」

「でも、内容証明って、どう書くんですか？」

するとと担当者は東京都が発行している小冊子を開き、「内容証明郵便の書き方」という項を指さして教えてくれた。それによると一行二十文字以内、一枚二十六行以内であれば、紙は基本的になんでもよく、いつ、誰が、誰に対して、どのような主張をしたか明確にまとめ、署名捺印すれば、それを郵便局が証明してくれるものらしい。

正直、かなり面倒臭い。しかし売られた喧嘩は買ってやろうじゃないか。都庁を後にすると、早速書類の作成にあたった。

書面は完成したが、自信がなかったため、仕事で取引のある会社の顧問弁護士にお願いして添削してもらうことにした。そして、内容証明が届いた三日後には、こちらからも返送してやった。

都庁の担当者と弁護士が言うには、もうこれ以上何も言ってこないだろうというのがおおかたの予想だった。一応書類の最後の文面は誠意をこめて謝罪を述べていた。でも心穏やかではなかった。これでどうだ、文句ないだろう。

文句はまだあるようだった。内容証明を送り返し、ほっとしたのもつかの間、十二月の頭に今度は簡易裁判所から「少額訴訟裁判」の通知が届いた。慌てて中を見てみると、土地の違約金問題について地主が手続きを行ったらしい。つまり、訴えられたわけだ。これにはかなり驚いた。まさか裁判まで起こしてくるとは。まさか、自分が訴えられるとは。

しゃあない。そっちがその気なら、とことんやってやろうじゃないか。

前回相談に乗ってくれた弁護士を訪ねた。弁護士によれば、少額訴訟裁判とは、六十万円以下の支払いを求める場合に限って利用されるもので、審議は一日。即日結果が出るという。また裁判所から指定された審議日に出廷しないと、自動的に原告の主張が認められるらしい。

正直、相手がどうしてここまで執拗《しつよう》に違約金を求めてくるのか理解できなかった。

たしかにこちらに非はあるが、何もしていない土地に五十万円の手付金を支払ったのだ。正式契約もしていない。相手は書類の準備をしただけで、実質は何もしていない。それに直接連絡をして事情を説明し、こちらとしては誠意を持って対応したつもりだ。ま、そんなことはどうだっていいのかもしれない。相手からしてみれば、契約違反だと主張して違約金を請求すれば、たとえ負けてもいいのだろう。少額訴訟裁判を起こすのには、数万円しか、かからない。それで取れればしめたもの、といったところなのかもしれない。

「お話は、だいたいわかりました。で、どうします？」

青山にある弁護士事務所を訪ねると、担当となる弁護士が言った。自分よりずっと年下に見えるが、口調がはっきりとしていて、聡明《そうめい》な面持ちだった。俺なんかとは、育ちが違うのだろう。

担当弁護士によれば、少額訴訟裁判で弁護士を雇うケースはほとんどないという。賠償金額が小さく下手《へた》をしたら弁護士費用の方が高くついてしまうかららしい。だからたいていは当人同士で争うことになる。

「もちろん、アドバイスはさせてもらいますよ」

担当弁護士は言う。この場合でいえば、争点は「履行の着手」をしていたかどうかが問題になるそうだ。いくらこちらが草一本抜いていないと主張したところで、相手は恐らく契約書および書類の準備をもって履行の着手と訴えてくるはずだ。その解釈は、法律家によっても意見が分かれるところらしい。せめて、中止の意向が前日に相手に伝わっていれば、と弁護士は難しい顔をした。

「中止することに決まったのが、前日の夜、でしたから」

「あ、これは失礼しました。そのことはお悔やみ申し上げます。これはあくまで法律上のお話です」

「いえ、どうか気になさらずに」

「ひとまず、お持ちいただいた契約書と覚書はこちらでコピーをとらせていただいてもよろしいですか。もう一度じっくり見てから、どういう戦法で争うかちょっと考えてみますので」

「よろしくお願いいたします」

弁護士を雇うことにするかどうかについては、帰宅してからかなり考えた。

俺は基本的に平和主義者ではあるが、どうしても譲れないところは譲れない、という青臭い一面も未《いま》だにある。自分のそういうところが嫌いでもある。この場合でいえば、訴訟を起こされた時点で、相手に対する思いは完全に敵意に変わっている。審議の席で、冷静でいられるだろうか。そこで仮に、富士丸の死について軽くみているような発言をされたとしたら、自分を抑える自信がない。いくら頭では相手に関係ないことだとわかっていても、摑みかからんばかりの勢いで怒り狂ってしまうのではないだろうか。人間、熱くなった方が負けだ。

俺は、弁護士を雇うことにした。たとえ弁護士費用がかかろうとも、これ以上相手にお金を支払うつもりはなかった。

翌日、担当弁護士に電話をかけてその旨を伝えると、まかせてください、という返事が返ってきた。審議の日時は、年が明けた一月の末だった。

思いがけず、土地の問題は年をまたぐ結果になってしまった。この怒りを生きる原動力としつつ、やはり相当なストレスになっていたことは間違いない。違約金の五十万円という金額も俺にとっては大きかったが、それだけではない。山の家のことは、もう忘れたかった。本当だったら今頃はあいつと。そう考えるのが辛《つら》かった。

6

山の家。三年越しの計画だった。

富士丸が五歳を過ぎたあたりからだろうか。東京の狭いマンションでこのまま暮らさせるのは、なんだか申し訳ないような気がしてきた。

シベリアンハスキーの血が半分入った富士丸は、とにかく暑いのが苦手だった。毎年夏になると暑さにへばっていた。エアコンはフル活動。留守にするときもつけっぱなしにしていた。電気代は、一ヶ月二万円を超えることもあったが、それでもあいつには暑いようだった。

だから夏になると、よく山へ連れて行った。たいていはどこかのキャンプ場。よく一緒に川で釣りをした。ずぶ濡れになって笑った。釣れた魚を焼いて、分けて食べた。そんなとき、あいつはとても嬉《うれ》しそうだった。東京では見せない顔になり、目が輝く。動きも二、三歳若返ったように見えた。

その姿を見ているうち、どこかの山でこいつと暮らす、それも悪くないと考えるようになった。

小さな夢は次第に膨らみ、いつしか俺は本気になっていた。

二〇〇八年の夏から本格的に動き出し、下見をかねて旅行を繰り返し、場所を絞っていった。

標高がそれなりに高く、雪深くないところで、東京からのアクセスも考え、八ヶ岳周辺と決める。そこから具体的に動き出すが、大きな壁がいくつもあった。

フリーランスの俺に、はたして住宅ローンなんぞ組めるのか。貯金がさほどあるわけでもない。住宅メーカーの助けを借りて、金融機関を探し回った。同時に土地も探した。何度も断られ、ようやくローンの目処《めど》が立ったのが二〇〇九年の夏。

三十五年ローン。もちろん払い終えるまであいつが生きている訳はない。それでもいいと思っていた。山の涼しいところで暮らせば、少しでも長生きしてくれるんじゃないか。それでいいと思っていた。家のプランも出来ていた。土地の正式契約を済ませたら、あとは着工を待つだけ、というところまでようやくこぎ着けていた。それなのに、その前日の夜に。

本来であれば、もう山の家は着工しているはずだった。

富士丸の老後を考えて、床には滑りにくい材質を選んだ。階段の幅も広くした。これまでの窮屈な部屋とは比較にならないほどリビングを広くした。そこから直接出られる広いテラス。西側のテラスは夏でも冷たいタイルの床。書斎からリビングへは犬用の小さな扉。家中、どこでも自由に行き来できるようにしてやるつもりだった。少ない予算の中で、やりくりしてできるだけのことをした。

年末には完成するはずだった。広いテラスの向こうに見える景色。そこに広がる山々。流れる川。柔らかい日差し。水と風の音しか聞こえない空間。ゆったりとした

L字のソファー。そこで、あいつとくつろぎたかった。毎日、森の中を散歩させてやりたかった。

なのに、なぜ。なぜ、よりによって十月一日の夜に。計画をストップさせるのはそこしかない、という最後のタイミングに。

偶然なのか。

それがもしあと一日遅かったら、俺はすでに土地を所有してしまっていたことになる。家の着工はなんとか止められたとしても、土地代金分の借金は抱えることになっていただろう。

すべてをチャラにできるのは、そこしかなかった。

俺がそんな計画を立てたからいけなかったのか。

たしかに、無茶ではあった。いくら犬のためとはいえ、三十五年ローンを払わなければいけないのだ。仕事だってどうなるかわからないというのに。だけど、それはどうにかするつもりだった。貧乏なんて慣れている。仕事もこれまで旅行会社の営業から工事現場の日雇いまでやってきた。たとえ今の職業で食って行けなくなっても、なんとでもなる。そんな気がしていた。

俺は約束していた。心の中で決めていた。富士丸が元気に走れるうちに、山へ移住すると。それでもやっぱり無茶だったのか。考えが甘かったのか。それで止めさせようとしたのか。だからあの日に。もしかして、俺が山の家の計画など立てなければ、あいつは死なずに済んだのだろうか。

頭ではそんなこと犬が知るわけはないだろうと思いつつ、そのことがどうしても頭から離れなかった。易者の言葉が蘇《よみがえ》る。

「これはね、私たちの専門外のことなんですがね、犬については、主《あるじ》の災難を被るという話も聞いたことがありますね。実際あるそうですね、たまにそういうことが」

たしかに、俺は家の計画をストップし、住宅ローンを抱えることもなくなった。

やっぱり俺のせいなのだろうか。

7

枕《まくら》の下に写真を忍ばせておくと、その夢が見られる。そう聞いてから俺は、富士丸の写真を枕の下に毎晩敷いて寝るようになっていた。でも、待てど暮らせどあいつが夢に出て来てくれることはなかった。

富士丸が二日連続で夢に出てきたのは、寒さがじわじわ忍び寄ってくる冬の入り口のことだった。あいつの夢を見たのは、あの日以来、それがはじめてだった。

一日目は、短い夢だった。

俺は普段通り昼間に部屋で仕事をしている。あれ？　と思いながらリビングを覗《のぞ》くと祭壇はなかった。代わりにソファーに富士丸がいた。

「おいおい、なんでお前がそこにいるんだよ」

そう言うと、富士丸はしっぽを振っていた。慌てて抱きつく。

「なんだ、やっぱり夢だったんじゃん！」

富士丸はいつもの手触りで、抱き心地もどしっとしていた。両手でがしっと顔を掴んで目を合わす。大丈夫、富士丸だ。

「死んでないよな、死んでないよな、良かったあ」

そう言いながら思い切りわしゃわしゃと撫で回した。富士丸は嬉しそうに身をよじらせる。と同時に、ある不安がよぎる。

「……こっちが、夢？　ってことはないよな？　な、富士丸」

そこで目が覚めた。

二日目は少し複雑で、数日間にわたるようすを夢で見た。

富士丸は、夢の中でも死んだことになっていた。しかしある夜、部屋に突然姿をあらわした。最初は幻覚なのかと思った。自分の頭を疑いながら、そっと富士丸に手を伸ばすと、触れた。富士丸も以前とまったく変わらぬようすだ。

これはどういうことだろう。

翌朝起きるといなくなっているのだが、夜になるとまたどこかからあらわれる富士丸。なんなんだ、お前。どうなってるんだ。でも富士丸が毎晩来てくれることは素直に嬉しい。俺は、頭がおかしくなったのだろうか。そうに違いない。人に言わないようにしなくては。念のため、カメラを取り出して撮影してみると、富士丸は写真に写った。

「なんだ、写るじゃん」

だけど部屋には遺影もたしかにある。

「うーん、わけがわからん、どういうこっちゃ」

そう語りかけても、富士丸は嬉しそうにしっぽを振っていた。

「そうか、俺が心配で毎晩来てくれてんのか？　そうなのか」

妙に納得して、撫でながら写真を撮りまくった。

「このことは、誰にも言わないよ。だから、明日も来てくれよ」

そして次の夜も富士丸はやってきた。俺は夜が待ち遠しかった。

「お！　今日も来たな。待ってたぞ」

そうやって、幾晩も幾晩も、夜になると富士丸と一緒に過ごした。写真もたくさん撮った。

「俺たちだけの秘密だな、きっとみんなに言ったらびっくりするぞ。だけど証拠もあるから大丈夫。な、幽霊でもなんでもいいよ、よしよし」

目が覚めると、写真ごと全部夢だった。

夜明け前の静まりかえった部屋の壁際に、ぽつんと富士丸の祭壇があった。

8

ホットカーペットを買った。寒さに耐えられなくなったからだ。富士丸がいなくなって二ヶ月ほど経った頃だった。

部屋が北向きということもあって、毎年冬は寒かった。底から冷えた。炬燵《こたつ》やホットカーペットを置きたくても、富士丸の抜け毛だらけになるため置くことなどできなかった。たしかに毎年冬は寒かったが、それは耐えられる寒さだった。だけど、富士丸がいないだけで、部屋の気温がぐっと低くなったような気がした。それまでになかったような、異様な寒さを感じた。

ホットカーペット、以前ならそんなもの絶対置けなかった。富士丸の毛は二重構造になっていて、内側には白いふあふあした毛が生えていて、それが信じられないくらい抜ける。犬には通常換毛期《かんもうき》というものがあるが、それ以外の時期でも富士丸の抜け毛の量はすごかった。

外で暮らしている犬の場合、太陽の光に反応するのか、換毛期は一ヶ月ほどで一気に毛が生え替わるという。でも室内犬の場合、そのあたりが鈍感になっているのか、三ヶ月くらい続く。その結果、一年の半分ほどは換毛期となり、無尽蔵《むじんぞう》に湧いてくるような抜け毛に襲われる。その量はハンパじゃなかった。洗ってブラシをかける度に、ゴミ袋がいっぱいになるほどだった。しかも、それ以外のシーズンも断続的に毛が抜けるのだ。

当時俺は、富士丸の抜け毛のことを「丸毛」と呼んで、結構迷惑がっていた。基本的に毎日掃除機をかけなくてはならない。一日でもサボれば、床には丸毛の塊《かたまり》がテキサスの荒野の枯れ草のごとく、ころころと転がる始末だった。そこらに脱ぎすてた服は、たちまち丸毛だらけとなった。

だけど、丸毛の生産者がいなくなってしまうと、そんなこともなくなった。毎日掃除機をかける必要もない。昔なら考えられないことだが、一週間掃除機をかけなくてもそれほど部屋は汚れない。掃除がとてつもなく楽になってしまった。そして、忘れた頃に、丸毛はどこかからひょっこりあらわれたりした。


そっか、もう、あいつはいないんだ。

本当に、いなくなっちゃったのか。


丸毛を見つける度に胸が熱くなった。あんなに面倒臭かった掃除が、すごく懐かしく思えた。

それに、前はあれほど窮屈に感じていた部屋が、妙に広くなったように感じた。壁際に祭壇を置いて、その周りには花瓶を並べ、かなりのスペースを使っているというのに。富士丸の寝床に敷いてあった大きめのクッションもそのままにしてあった。

それなのに、部屋の中が妙にがらんとしている。どこか落ち着かない。なんだか違和感があるのだ。

その違和感は、何も部屋にいるときだけではなかった。朝起きても、歯を磨いていても、食事をしていても、外を歩いていても、仕事をしていても、酒を飲んでいても、誰かと話をしていても、夜、寝るときも、ずっと感じていた。

自分の体のどこかをなくしてしまったようだった。

狭い部屋で七年半も一緒に暮らすうち、富士丸が自分の体の一部であるかのように感じることがあった。あまりにも密接な関係だったから、そんな錯覚を覚えるようになったのかもしれない。

出かけている間も、どことなく心細い。かといって、不安なわけではない。ふとした瞬間に、「あれ、なんだろ、この感じ」という程度。そして家に帰って富士丸を撫でていると、なるほど原因はこいつだったのかと気づく。そんなことがよくあった。

それは、留守の間の身を案じてという思いとは別の、ちょっとした感覚だった。富士丸がいなくなって二ヶ月が経とうとしているのに、違和感が消えることはなかった。

富士丸がいない。そのことが、どうしても俺の中で処理できなかった。

「おくる会」の会場を下見した帰り道だったろうか。

いろいろ奔走してくれていたソワンとふたりだった。もう二十年以上のつき合いになるソワンに聞いてみた。

「俺、なんかおかしくなったみたい」

井の頭線の座席、渋谷行きのシートに並んで座っていた。

「うん、まあ、しょうがないって」

同情するでもなく、かといって他人事《ひとごと》という感じでもなくソワンが言う。

「俺、もとに戻るのかな」

「戻るよ」

自信ありげにそう言われた。家に来たソワンが富士丸の頭を撫でていた場面を思い出す。

「なんで、そんなのわかるんよ」

「人間、そんなに簡単に変わらんよ」

「そうかなあ」

ぼんやりしていた。

「また、もとの根性の曲がったお前に戻るって」

見ると、ソワンが窓の外の景色を見ながら笑っていた。

ホットカーペットを敷いても、部屋に暖かさが戻ることはなかった。寒かった。こんなに寒いと思ったことはなかった。そして、本格的な冬がやってきた。

9

いくつもの忘年会に誘われ、そのすべてに顔を出した。友人達と笑って酒を飲めるようになった。仕事仲間と楽しく過ごせるようになっていた。みんなの前では明るく振る舞うことができるようになっていた。ある忘年会で東さんがこんなことを言っていた。

「ねぇ、富士丸をおくる会ってなんで十一月二十二日にすることになったの？」

「いえ、特に理由は。たしか、会場があいてなかったとか、そんな理由だったと思いますけど」

「ふーん」

「どうしたんですか？」

「じゃ、知らなかったんだ」

「十一月二十二日って、ペットに感謝する日なんだって」

「え？」

「私もそれ聞いたときびっくりした」

全然知らなかった。

「それにあの雨、変だったよね。あの間だけやんで」

「でしたね。ま、偶然でしょうけど」

「まあ、それはそうなんだろうけど、あいつって、なんか変な子だったよね」

「ま、たしかに変わった顔してましたね」

「それにね、私、その手の話を信じる方じゃないんだけどね。なんか、富士丸に選ばれたような気がするのよ」

「どういう意味ですか？」

「あの日さ、一緒にパーティーに行ったじゃない。で、そのことは私もずっと心にあるんだけどね、そのいっぽうで『父ちゃんを、お願い』って言われた気がするの、丸に」

「…………」

「だってね、そうじゃなかったら、私ここまで穴澤くんのこと心配しないもん。そりゃ心配はしたと思うけど、ここまでじゃなかったかも。あの連続飲酒のときだって、なんとか立ち直らせなきゃって必死になってたけど、それって丸に頼まれたのかなあって最近思って」

「いや、ほんと、すいません、心配ばっかりかけちゃって」

「誕生日が二月二十二日。生きた日数も七年と二百二十二日。やっぱり、なんか、変な子だったよね。でも、可愛かったなあ、丸」

外では普通の顔ができても、家に戻ると気が沈んだ。

十二月になっても、テレビはまだ見ることができなかった。安定剤も睡眠導入剤も、まだ手放すことができなかった。遊歩道も、歩くことができなかった。

押し寄せる感情は次第にかたちを変え、鋭く激しい痛みは、骨身に染みる鈍い痛みとなり、重たく湿った塊が胸の奥に腰を下ろしていた。外面と内面のギャップだけが広がっていた。

しゃあない、か。そうなのかもしれないけど、憂鬱な年の瀬だった。

二〇一〇年一月　蘇生《そせい》

1

　遊歩道を歩いてみよう。そう思ったのは、元旦《がんたん》のことだった。

　家を出るときから決めていたわけではない。

　正月だというのに、何ひとつおめでたい気はしなかった。何もやることがなくテレビをつけてみても、やかましくてすぐ消した。何か食べなくては。幸い近所のスーパーは休みなくやっていたので、歩いて出かけた。適当な食材を買って家に戻るときに、ふと思った。それまで遊歩道に感じていた得体の知れない恐怖が、少しだけ和らいでいるような気がした。自然と足がそちらを向いた。大丈夫だろうか。恐怖の代わりに今度はいいようのない不安な気持ちになる。

　遊歩道の入り口に立った。そこは毎日欠かさず歩いた道だった。正月だってなんだって、毎日富士丸と一緒に歩いた道。春には桜が咲き乱れ、夏には蟬《せみ》がやかましく、秋には落ち葉が舞いあがり、冬には冷たい風が吹きすさぶ、いつかの道。

でも、目に映る景色に懐かしさを感じることはなかった。歩いてみるが、どこか別の場所のような気がする。色彩がない。空気が違う。匂いが違う。やたら寒い。

それでも、道の脇《わき》にたたずむ家々には見覚えがあり、やっぱりここはかつてあいつと毎日一緒に歩いたところなんだと実感する。複雑な心境だった。

富士丸には、いくつかのお気に入りのポイントがあるようだった。毎回、そのあたりに来るとしきりにくんくんと長いこと匂いを嗅《か》いでいた。その間はしばらく待たされる。

そのポイントを覚えていた。けれど、もうその場所で立ち止まる必要はない。そう思うと、失ったものを改めて痛切に感じ、取り残されたような孤独感が沸き上がってきた。気がつけば自然と早足になっていた。来るんじゃなかった。まだ早かった。情けなかった。みじめだった。家に帰るまで振り返ることもなかった。

一月の八日は、富士丸がいなくなってちょうど百日目だった。

正直なところ、自分に困惑していた。百日経《た》ってもまったく立ち直れていない。さすがにケロッとしていることはないだろうと思ってはいたが、立ち直る兆しさえ見えない。そんな自分に哀れみは感じない。同情もしない。ただ、呆《あき》れていた。

　喪失感は増すばかりで、ひとりで部屋にいると気がおかしくなりそうだった。なんとかしようと、ラグや本棚を買ってきて、部屋の雰囲気を変えようとしてみた。が、その瞬間は自分の中で何かが変わったと思っても、少し経つと何も変わっていないことに気づく。その繰り返しだった。

　夜、富士丸の写真を眺める度に、胸が締めつけられる思いがした。叫び出しそうになると歯を食いしばって耐えた。胸が苦しくなる。それでも、毎晩のように富士丸の写真を眺める自分がいた。ああすれば良かったこうすれば良かったという思いが次から次へと噴き出してきた。

　写真の中の富士丸は、いろいろな表情をしていた。

　眠そうな顔。何も考えてなさそうな顔。あくびをしている顔。迷惑そうな顔。笑っている顔。その視線の多くは、カメラを見ていた。つまり、俺を見ていた。あいつは、俺のことをずっと見ていた。どこかに繋《つな》いで離れると、不安そうに俺を捜していた。ドッグランで、俺が物陰に隠れてこっそり見ていると、うろたえていた。その後の、俺を見つけたときの嬉《うれ》しそうな顔。あいつは、いつも俺を捜していた。そして辿《たど》り着くのは、いつも同じところ。あの夜のことだった。あの日、俺が出かけなければ。もう少し早く帰っていれば。

あいつは、どんな気持ちだっただろう。俺を捜して机の下に行ったのだろう。ふらつく足で、俺がいつも座っている場所へ。そこに俺はいなかった。どれだけ不安だったろう。どれだけ寂しかっただろう。どれだけ心細かっただろう。待ってたんだろうな。苦しかっただろう。きっと何が起こったか、わからなかっただろう。痛い思いはしなかっただろうか。恐い思いはしなかっただろうか。薄れゆく意識の中で最後に何を見ただろう。何を思っただろう。せめて、この腕の中で。


ごめんな、丸。

俺は、何もしてやれなかった。


その思いは、いつまでも消えることがなかった。むしろ日が経つにつれ強くなっていくような気がした。

毎晩のように写真を見て泣いている自分に呆れるいっぽう、それをどうにもできない自分がいた。富士丸が亡くなって百日を機に、安定剤を飲むのをやめてみようと試みるが、わずか二日ほどでまた飲み出す始末だった。

2

何か気分転換をしなければ。そうは思うのだけれど、何をしていいのかわからない。

そんなとき、ふと藤田教授の顔が浮かんだ。藤田教授が毎年必ずインドネシアを訪れていることは知っていた。現地企業の健康診断を行うためだ。もう四十年も通っているという。そこに同行させてもらえないだろうか。ふと、そんな考えが頭をよぎる。

海外に行くのは気分転換になるように思えたのだ。それもインドネシアなどの途上国に行きたい。恐らく、そうした国では犬が死んだくらいで果てしなく落ち込む人はいないだろう。こんなものは、先進国の病にすぎないはずだ。自分が馬鹿馬鹿しく思えるのではないだろうか。かといって、ひとりでぶらりと行く気分でもない。それなら藤田教授の著書にたびたび出てくるインドネシア紀行へ同行させてもらえないだろうか。

「ああ、心配してたんだよ、どう？　少しは落ち着いた？」

新年の挨拶《あいさつ》もかねて電話をすると藤田教授は優しい声でそう言った。

「おかげさまで、なんとか」

まだ立ち直ってないなどとは恥ずかしくて言えない。

「それでですね、教授。今年もインドネシアには行くんですか？」

「行く予定だよ。どうしたの？」

「いえ、同行させてもらえないかなあと思って。もちろん旅費は自分で持ちますから」

「どうしたの？」

「なんというか、教授がインドネシアはいいところだよってずっと言ってたじゃないですか。これまでは富士丸がいたから海外なんて無理でしたけど、今なら行けるから、できればどんなところなのか見てみたいなあと思いまして」

「ああ、そういうこと。うん、考えてみるよ。まだ予定が決まってないから、また連絡するね」

「よろしくお願いします」

　同行させてくれといったところで、医者でも学生でもない俺を連れて行ってくれるだろうか。そんなこととして藤田教授になんのメリットがあるというのだ。思いついて咄嗟《とっさ》に電話してしまったが、少し無茶なお願いだったかもしれないな。ちょっと後悔した。

3

土地問題に終止符を打つ日がやってきた。

東京簡易裁判所民事三〇七号法廷。一月末のある日、そこで審議が行われた。念のため、スーツを着て霞《かすみ》が関《せき》へ向かう。スーツを着たのは何年ぶりだろう。日比谷《ひびや》公園の向かい側に広がる巨大なビル群のひとつが目的の場所だった。日比谷公園には、富士丸も何度か連れてきたことがある。そのときの光景を思い出す。あの頃は楽しかった。

「富士丸、俺、ちょっと闘ってくるわ」

公園の緑に背を向けて東京簡易裁判所に入る。一階ホールはかなり広い。裁判所に来たことなどなかったが、上等な区役所、といった雰囲気だ。どうして国がつくる建物はどこも似たようなものになるのだろう。案内図を見ても指定された三〇七号室が見つけられなかったので、受付で聞くと教えてくれた。エレベーターで三階まで上がる。廊下を進んだ一番奥に、その法廷はあった。予定時刻にはまだ少し早い。中ではまだ前の訴訟について審議が続けられているようだった。

廊下で待っていると、見覚えのある人物が近づいてきた。

一度しか会ったことがなかったが、それが土地の持ち主、つまり少額訴訟を起こした本人だった。軽く黙礼したあと、そ知らぬ顔で立っている。俺も同じように知らん顔をした。しかし、心中はおだやかではない。こいつのおかげでどれだけ気が重い毎日だったか。五十万ごときのために、訴訟まで起こしやがって。金の亡者め。

そこへつかつかと担当弁護士があらわれた。一瞬見ただけで、隣にいるのが原告だと理解したようだった。

「どうも。お待たせしました」

心強い味方に思えた。ほどなく、その弁護士を紹介してくれた会社の人も心配して駆けつけてくれた。向こうに話を聞かれないように、エレベーターホールまでぞろぞろと移動する。

「緊張してます？」

きりりとした口調で弁護士が言う。

「いえ、でも、実際見たら腹立って」

「ま、裁判ですから。どうか感情的にならず、審議中は基本的に僕が話しますから、安心してください」

「あの、今日で決着がつくんですよね？」

「そのはずです」

「よかったあ、もうこれでこの問題から解放されるんですね」

「あ、そろそろ時間ですよ。法廷の前に戻りましょう」

三〇七号法廷の前に戻ると、前の審査が終わったところだった。中から何人か人が出てきた。

スーツ姿の若い男がひとり、大人しそうな若い娘がふたりだった。娘のひとりは泣いていた。なんの裁判だったんだろう。

「どうぞ、次の審議予定の方は中にお入りください」

法廷内は、テレビで見るような大きなものではなかった。少し大きめの教室くらいで、部屋の中央に円卓が置かれている。その向こうに、さきほど声をかけてきた書記の人が二人ほど並んでいる。手前が一応傍聴席になっているのか、ベンチが一列並んでおり、円卓の方へ進むには、腰までの高さの柵《さく》の扉をあけるシステムになっている。

「えー、それでは、これより、審議をはじめます」

指定された席へ座ると、裁判官が見渡して言う。

「あの、いいでしょうか」

弁護士が切り込む。

「ええ、どうぞ」

「私は今回、被告から依頼を受けた者で、本件については代理人として発言させていただきます」

それを聞いて、地主はちょっと驚いたようだった。まさか少額訴訟裁判で弁護士をつけてくるとは思わなかったのだろう。それは、裁判官も似たようなもので、襟《えり》を正すような雰囲気が感じられた。

裁判はイメージしていたものとは全然違った。

てっきり原告と被告がそれぞれその場で主張を述べ、最終的な判断を裁判官に委《ゆだ》ねるものだと思っていたが、原告と被告が対峙《たいじ》することはほとんどなかった。その都度部屋から出されるのだ。原告が主張を述べる際は、被告は法廷から出ていく。逆に、被告が主張をする際は原告が法廷から出るように命じられた。弁護士だけ残る、ということもあった。そのため、原告の発言を直接聞くことも、会話を交わすこともない。

どうやら、この手の裁判では個人で争うことが多いため、本人同士が感情的にならないように考慮しているらしい。原告の主張を裁判官が聞き、原告に代わって法廷に入った被告にその内容を説明して意見を聞く、ということがひたすら繰り返される。

最終的にすすめられたのは、白黒はっきりつける「判決」ではなく、「和解」だった。

　裁判官から聞いた和解案は、和解金として原告に数万円を支払うというものだった。このような場合の多くは、支払いを求められた金額のだいたい半額が和解金になるという。それに比べたら今回はずいぶん低い金額だった。原告がそこまで折れたということらしい。廊下で弁護士と相談する。

「なんで、和解金なんか払わなくちゃいけないんですかね」

「うーん、こういうケースではまず和解に持っていこうとしますからね」

「こっちが嫌だといったらどうなるんです？」

「判決になりますね。ただ、そうなると五十かゼロかということになるんですけど、この場合はひょっとしたら地裁に回されるかもしれません。そうなると、ちょっとややっかいなことになるおそれがあります」

「地裁？」

　弁護士によれば、こういう判断が難しいケースは簡易裁判所であえて判決を下さず、地方裁判所にあげるケースがあるという。判例として残したくないのだろう。しかし地裁に移って争うことになると、期間も最低半年はかかり、その分弁護士費用も膨大になるとのことだった。そもそも争っている金額が小さいのだ。そうなればお互いにとって、マイナスでしかない。

「恐らくですけど、弁護士なんぞ連れてきたから、こっちが本気だということがわかったんでしょう。相手も地裁には行きたくないはずですよ。だから、数万という金額まで落としてきたんでしょう」

「だけど、こっちはもう五十万払ってるんですよ、草一本抜いてない土地に」

「それはまあそうなんですけど、一応、面子《めんつ》というのがあるんじゃないですか。和解金なしでおしまいということにはできないんでしょうね。かといって地裁にも行きたくない、これくらいで納得したことにします、という金額なんでしょう」

「あっちはそれ以上下げるつもりはないんですね？」

「さっき裁判官とふたりで話した感じだと、そうみたいですね」

「うーん」

「とことんやるならもちろんつき合います。悔しいのもわかりますから。ただ、僕としては、傷が深くなる前に、ここらで手を打つのもありかと思います。これ以上争ったっていいことありませんから、お互いに」

　結局、和解金として数万円を支払うことにした。苦渋の決断だったが、もうこれ以上土地の問題で頭を悩ませるのは嫌だったのだ。とにかくこれで終わりにしたい。その一心だった。こちらの意向を伝えると、和解書が作成された。その和解案の中には、こんな一文もあった。恐らく、俺の職業を考慮したのだろう。

「原告と被告は、今後、本件紛争の内容及び顚末《てんまつ》について、当事者及び和解金の額が特定できるような方法で公表しないことを相互に確認する」

最初から、名前を出すつもりなどなかった。やるならとっくにやっている。馬鹿馬鹿しい。ただ、「訴えられる」というのも普通に生活しているとなかなかない経験なわけで、これはいつか書いてやろうとは思っていたが。とりあえず、これでもう土地のことについてあれこれ考えなくてよくなり、少し気持ちが楽になった。

富士丸、勝てなかったけど、やっと終わったよ。家に帰って、富士丸の遺影にそう報告した。

4

年が明けてから、俺は仕事に没頭していた。

以前のように、富士丸の死から目を背けるために働くのではなく、純粋に仕事をすることに喜びを感じていた。

当時、かねてからやっていた音楽系の連載をまとめて本にするという話をもらい、そのために奔走していた。海外アーティストの曲を自分でセレクトしたコンピレーションアルバムを作るという大役も仰《おお》せつかっていた。

毎日があっという間に過ぎていく。目的を見つけては、そこへ向かって突き進む。そうするしかなかった。その先に何があるのかはわからない。だけど行くしかない。だから、何かにつけて先の予定を立て、それを楽しみに生きることにした。当面の目標は音楽連載の本を完成させることだった。

その中でも、富士丸のことを忘れる瞬間というのは、ほとんどなかった。しかし、いつの頃からか、富士丸はもういないんだという実感がじわりじわりと染み込みはじめ、どれだけ望んでも帰ってこないのだということに対する諦《あきら》めのようなものが芽生えていた。

いくら嘆き悲しんでも、富士丸は二度と戻らない。そのことを、ようやくからだが理解しはじめていた。かといって、気持ちを切り替えて前を向く、というにはほど遠く、いくつか越えた山のひとつでしかない。まだ目の前には山がある。今度はそこに登ってみるしかない。二月になっても、まだそんな状態だった。その頃、親父《おやじ》からまた電話があった。正月は大阪に戻らなかった。もう何年も戻っていない。

「どや、元気か?」

相変わらずの調子だ。

「ま、元気よ、ひとまず」

「そうかそうか。ほんで、お前、富士丸の墓はどないしてん」

「お墓？　まだ何もしてないよ」

「何もしてないてお前、遺骨は」

「部屋にある」

「あかんがな。四十九日過ぎたらちゃんと墓に入れたらな」

「まあそういわれても」

「富士丸が成仏できひんがな」

「そうなん？」

「そや、遺骨っちゅうのはな、ちゃんと墓に入れてやらなあかんもんやねん」

「ふーん。ちょっと考えてみるわ」

「はよしたれよ。ほな、風邪《かぜ》ひくなよ」

お墓か。どうしたものか。富士丸の遺骨はずっと部屋の祭壇に置いたままだった。富士丸は、いつもそばにいる。今も近くで俺のことを見守ってくれているはずだ。遺骨がそばにあっても、あまりそういう気持ちにはなれなかった。

生物は死んだら無になる。肉体と意識は空に消え、後には何も残らない。魂などない。あるとしたらそれは生き残ったものの記憶の中だけで、実体はすでにない。ないものの記憶を抱《いだ》いて、生き続ける。そして死者の記憶が残るこの脳も、いつかは灰になるのだろう。

唯物論。それが邪魔をする。だから富士丸は、そばになんていない。いるとしたら、俺の頭の中だけだ。その記憶を大切にすることしかできない。

東京に雪が降ったのは、二月二日のことだった。前日から天気予報では雪になるかもしれないと言っていた。朝起きて、一番に雪は積もったのだろうかと気になった。いつからこんな癖がついたのか。

富士丸は、雪が大好きだった。はじめてあいつが雪を見たときのことを思い出す。

あいつが三歳くらいの頃だったか、東京に珍しく十センチほど雪が積もった。それを見るなり富士丸は雪に突進していった。足を滑らせながら飛び跳ねていた。空から舞い降りる雪を、大口をあけて食べていた。積もった雪をむさぼり食っていた。

なぜ、あいつには雪が食べられるものだとわかったのだろう。あいつの中では、雪はどういう存在だったのだろう。雪を見ると、やたらテンションが上がっていた。

だから、冬にも何度か旅行に行った。長野のスキー場の隅で、雪遊びをした。俺が投げた雪球を、口でキャッチしていたあいつ。長靴から染み込んでくる冷たい雪。いつまでも飽きることなく、雪の上を跳ねていたあいつ。

群馬に行ったときには、雪の積もった田んぼで追いかけっこをした。とてもじゃないが、あいつには追いつけなかった。すると目の前まで来て、「捕まえてみろ」とばかりに挑発してきたあいつ。遠くの方までびゅーんと走って、またこっちに向かって駆けてくる。何があんなに嬉しかったんだろう。

いつの間にか、雪が降るのを心待ちにするようになっていた。

ベッドから起き上がると、窓を開けた。冷たい風が忍び込んでくる。その向こうに、積もった雪が見えた。ほんの少しだけ、積もった白い雪。昼には溶けてしまいそうなほどだった。窓を開けたまま、富士丸の祭壇に線香を立てた。

「雪、積もったみたいだよ。ほら、行って遊んでおいで」

それが無駄なことだと思いながら、遺影に向かって声をかけた。

5

引っ越しについては、人からずいぶん勧められた。

「気持ちはわかるけど、部屋が変わると気分も変わるよ」

「私も犬を亡くしたとき、引っ越したよ」

だけど、どうもそんな気分になれなかった。七年間あいつと暮らした部屋を離れる気になれない。かつてあいつのいたソファー。たいした景色でもないのにいつもあいつが外を見ていた窓際。たしかに辛《つら》い。でも、そうした姿を脳裏に蘇《よみがえ》らせることで、少しでも富士丸と繋がっていたかった。複雑な思いだったが、引っ越しをしたいと自ら考えることはなかった。

それが三月の中旬だっただろうか。その日は良く晴れていて、永遠に続くかのように思えた長い冬の寒さが和らぎ、ほんの少しだけ春の気配が感じられる日差しだった。ちょうど仕事が一段落して、なんの気なしに駅前まで歩いていたときだった。

「引っ越しでもしようかな」

唐突にそう思った。このままだと、いつまで経っても抜け出せないような気がする。

富士丸の誕生日も過ぎた。二月二十二日、本来ならあいつは八歳になるはずだった。でもこうやって、来年も、再来年《さらいねん》も、九歳になるはずだった、十歳になるはずだったとやるんだろうか。そんなことを繰り返していいんだろうか。もちろんそうした気持ちがなくなることはないのかもしれない。だけどかつて富士丸と暮らした部屋で、富士丸の姿を思い浮かべながら、それにしがみつき、泣いて生きていていいのだろうか。

それにあの花。あれをいつまで続けるのか。

富士丸の祭壇には、その周囲を取り囲むように常にたくさんの花を飾っていた。人から贈られたものもあったが、自分でも花屋に通っていた。それまで花など買ったことはなかったが、花屋の人に聞いて長持ちする百合《ゆり》などを飾っていた。それも大量に。町の花屋だと高くつくので、束で売っている問屋のようなところを探して、毎週のように通っていた。一ヶ月の花代は、相当なものになっていた。しかし、どうしても減らすことができなかった。それが富士丸のことを忘れてしまう証《あかし》のように感じられたからだ。

俺は、まだお前のことを忘れてなんていない。今でもずっと大好きだ。その気持ちを示すように、とにかくたくさんの花で祭壇を埋め尽くしていた。同時に、これをいつまで続けるんだろうという気持ちもあった。それに部屋を訪れた人も、これじゃあ気を使うに違いない。だけど、同じ部屋で暮らしている以上、止《や》めることはできそうにない。

思い立った勢いのまま、俺は駅前の不動産屋にふらっと入った。

「賃貸マンションをお探しで？　では、こちらの用紙にご希望の条件をご記入ください」

差し出された用紙に希望の条件を書き込んでゆく。引っ越ししようと思った瞬間から、なぜか条件はすでに決まっていた。

「えーと、１ＤＫですね、家賃も、はいはい、エリアもこのあたりがご希望ということですね？」

富士丸と暮らした街を離れるつもりはなかった。

「この条件なら、物件数はそれなりにあると思います。ちょっと待ってくださいね」

そう言うと、スーツ姿の若い男は、分厚いファイルをめくり出す。

「あの、それと、一応、ペット可マンションがいいんですが」

「あ、そうなんですか。ワンちゃんか猫ちゃん飼われているんですか？」

「いえ、今は」

なぜだかわからないが、ペット可のマンションに住みたいという気持ちがあった。将来また犬を飼いたいという思いからではなく、富士丸も一緒なんだからという妙な思い込みがあったのかもしれない。とにかく、住むならペット可マンションが良かったのだ。

「ペット可物件ねえ、そうなると、かなり限られてきますね。ちょっと待ってください。今、探してみますから」

結局、その日はいい物件が見つからなかった。いくつかの空き部屋を見に行ってみたが、今の部屋より狭くて、ぐっとこなかった。やはりペット可物件になると極端に数が少なくなる。それから何度か不動産屋に通っても、いいな、と思える物件は出てこなかった。

「あれ？　これ、今お客さんが住んでるマンションじゃないですか？　空きがありますよ」

何度目かに不動産屋を訪れた際、そう言われた。

渡された紙を見ると、たしかに今住んでいるマンションで、ひとつ上の階で今とは反対の南向きの部屋だった。ということは、ペット可物件だ。

「だけど、今住んでるマンションへ引っ越すというのもどうなんでしょうか」

「そうですよね」

そのときはそう答えたが、自宅に帰ってじっくり考えてみると、それもいいような気がしてきた。

管理会社に電話をしてみると、たしかにその部屋は空いているということだった。鍵《かぎ》を貸してもらい、実際に空き部屋を覗《のぞ》いてみることにした。夜だったためブレーカーをあげて、何もない部屋に入る。広さはそれほど変わらないが、間取りは全然違った。それまではユニットバスだったのだが、バス・トイレも別だった。

その部屋には、バルコニーがあった。出てみると、六畳《じょう》ほどの広さがある。四階は最上階になっていて、夜空を見上げることができた。月が見えた。

「ここにしよう」

それだけで決めてしまった。

6

四月上旬、桜が満開になった。遊歩道はいつものように桜が咲き乱れていた。あれから何度かその道を歩いたことはあったが、ようやく景色を眺める余裕が生まれていた。桜を見ると去年のことを思い出した。毎年、この時期に散歩するのが好きだった。

つぼみから少しずつ花が咲き、やがて満開になったかと思ったら、あっという間に散ってしまう。その変化を見るのが好きだった。富士丸は桜に興味はないようすで、地面の匂いを嗅いだときに、花びらを鼻にくっつけたりしていた。来年も、再来年も、その先も、ずっと一緒に桜が見られると思っていたのに。

引っ越しは、業者に頼むことにした。同じマンションで一階上に移るだけなので、ひとりで持てない物だけ友人にでも頼めば楽なのかもしれないが、変に感傷的になるかもしれないし、それなら事務的に片づけてしまった方がいいと考えたのだ。その日を四月末と決め、暇を見つけては荷造りをしていた。

七年半も暮らしていると、どうしてこんなもの取ってあったんだろうと思えるものがたくさん見つかる。いつか使うかもしれないと置いてあったのに、結局ずっと使っていないものもたくさんある。

ベランダには、留守番させるときに富士丸を閉じこめるために買ったゲートが置いてあった。木製だが、柵のところにはバーベキュー用の網が針金で巻きつけてある。それは、ゲートをつけた翌日に柵の棒を二本くらいへし折られ、その対策につけたものだった。そのゲートも、あいつが三歳半くらいになった頃からは使う必要もなくなり、かといってなんとなく捨てる気にもなれず、ベランダでホコリをかぶっていた。

ベランダにはほかにも大理石の板が寂しく置かれていた。それは、夏の暑いときにちょっとでも涼しくなればと、富士丸のために購入したものだった。でもせっかく買ってやったのに、あいつはその上に乗ろうとせず、またいつか使ってくれるようになるかもしれないと置いてあったのだ。結局、最後まで使うことはなかった。

玄関脇には、散歩グッズの入った籠《かご》があった。それまで、俺はそこを見ないようにしてきた。そこには、犬用のレインコートがあった。雨の日に濡《ぬ》れないように買ってやったものだ。紫の、どこか胡散臭《うさんくさ》いレインコート。手に取ってみると、使い込まれてずいぶん汚れていた。砂がまだついたままだった。これを着せてやるとき、あいつは全然嫌がらなかった。なされるがままに足を通し、紐《ひも》を結ぶ間もじっとしていた。フードをかぶせて前が見えなくなってもそのまま歩いて、ごちんと電柱に頭をぶつけたこともある。馬鹿だったなあ、あいつ。

リードも数本あった。かじられるわけではないのに、自然と傷んでぼろぼろになるのだ。新しいのを買っても、なぜか取っておいた。二歳を過ぎる頃までは、散歩の度にぐいぐい引っ張って、よく叱ったものだ。それでもまったく直らず、半分諦めていた。それも、気がついたらこちらの歩調に合わせて歩くようになっていて、ときには変に気づかって振り向くようなことがあった。そのときに、右手を差し出すと、そこにちょこんと鼻をくっつけてくる。あれはハイタッチみたいで、なんだか嬉しかったなあ。

富士丸用のバスタオルもあった。何ヶ月かに一度、富士丸を洗うときに使っていたものだ。吸水性が抜群の、俺のバスタオルより値のはるものだった。富士丸は洗われるのが嫌いで、雰囲気を察知するとソファーの陰に隠れていた。何が恐いのか知らないが、そのようすがおかしくて、わざわざ「さあ、洗うぞお」とさらに脅かしていたものだ。

強引に持ち上げてユニットバスに拉致《らち》すると固まっていたあいつ。濡れると鳥みたいだったなあ。

洗った後がまた大変だった。ぶるぶるされる前に富士丸用のバスタオルで素早く水気を取らないと、部屋が水浸しになる。それでも、隙《すき》をつかれてぶるぶるされて、結局いつも雑巾《ぞうきん》で床を拭《ふ》いていた。洗った後には丸毛が大量に抜けた。ドライヤーで乾かす間、白い産毛が部屋中を舞い、それなのにあいつは気持ち良さそうにうつらうつらしていて。

富士丸のゴハンを入れていた器もそこにあった。オレンジ色で、プラスチック製の大きな器。ペットショップで売っている、決まりきったように肉球がデザインされている器がなんとなく嫌で、雑貨屋でサラダ用か何かで売られていたものだった。毎日、そこに富士丸のゴハンを入れてやった。最初はドッグフードだったのが、そのうち少しずつ手作りが増えていって、ゴマが良いとか、納豆がいいとか、ときには安売りの牛肉まで入れて。結構な手間をかけているのに、それでもあいつはそれが当然のように食べていたっけ。

それにあいつは珍しく食に対しての執着心がない犬だった。半分残して、また後で食べるといった〝遊び食い〟もしていた。そういうところは猫みたいだった。猫みたいな大型犬、変なやつだったなあ。

水を入れる容器もあった。ステンレス製で、家に置いているものとは別の、お出かけ専用の器だった。散歩以外のお出かけは、あいつにとって突然のボーナスのようなものだったのだろう。出かける支度をしているそばからそわそわしていた。このステンレスの器がスイッチになっていたのかもしれない。この器をバッグに入れた瞬間「え！　どっか連れて行ってくれんの？」という顔をして飛び起きていたものだ。それまで眠そうにしていたのに、一瞬で変わるあの態度。わかりやすいやつだったなあ。

旅行に行くときなどは大変だった。前の晩から準備をするとはしゃいで落ち着きがなくなるので、朝になってから慌てて準備をしなければならなかった。

籠のそばには、釣り竿《つりざお》も置いてあった。あいつには、よく釣りの邪魔をされたものだ。せっかく静かにポイントに近づいたのに、その隣でじゃぶじゃぶと川に入ってくれたり、あげくの果てにはどぼーんと飛び込んでくれたり。だから魚は毎回あまり釣れなかったが、それでもニジマスを何匹も釣り上げたことがあった。三十センチ近いニジマスをあいつの鼻先に持っていくと、おっかなびっくりで、すっかり腰が引けていて、あれには「でかい図体しやがって」とずいぶん笑ったなあ。

あれはいつだったか。夏の夕方、散歩に出かけたときだった。空が急に暗くなったかと思うと、みるみる雨雲が迫ってきた。ゲリラ豪雨だ。傘は持っていなかった。ぽたり、と一粒の雨が落ちてきたかと思うと、ものすごい勢いで大粒の雨が降ってきた。そのとき、俺は富士丸に「逃げろー！」というと駆けだした。すると、あいつはなぜかとても嬉しそうな顔になって、俺と一緒になってマンションまで走ったことがあった。結局、マンションの一階に辿り着いたときにはお互いびしょ濡れで、息はあがってるし、富士丸もハアハアと舌を出していた。でもなぜだろう。そのとき、すごく楽しかった。小学生の頃に、友達と夕立の中を叫びながら走ったときのような気持ちだった。

小さな緑の首輪もあった。富士丸をもらってきたときに、慌てて買ったものだ。緑にするか青にするか悩んで、緑にした。だけどこれは、三ヶ月も使わなかった。急激に成長するあいつの首に、首輪が追いつかなくなったのだ。なぜ、こんなもの取ってあったんだろう。

その首輪をつけているときは、小さかったなあ、あいつ。

頭が重そうにひょこひょこ歩いて。その後みるみる大きくなって。鳩《はと》やカラスを必死になって追いかけて。いろいろなものを壊してくれて。頭突きをたくさん食らわしてくれて。トイレシートもさんざん粉砕してくれて。夜中によく寝言で起こしてくれて。川へダイブして足を怪我《けが》してくれて。こっちの気も知らないで。馬鹿だったなあ、あいつ。でも、楽しかったなあ。本当に楽しかった。それが普通だと思っていた。あいつがいるのが当たり前だと思ってた。いなくなって、そのことに気がついた。

富士丸の荷物は、ひとつの大きな段ボールにまとめることにした。

思い出のつまった段ボールにガムテープで蓋《ふた》をする。他人から見たらなんでもないものが宝物になってしまった。

7

薄田さんが部屋にやって来たのは、あらかた荷物の整理がついた頃だった。

「じゃあ、いったんお預かりしますね。夕方には届けますから」

「よろしくお願いします」

薄田さんは、そう言ってどこかへ行った。渡したのは、富士丸の遺骨だった。富士丸の遺骨はあれからもずっと家に置いてあった。

最初はどこかに墓を建てようと考えた。しかし、どこにするかで悩んだ。都心のペット霊園だと、ロッカーのようなところが墓になる。その光景は、火葬のときにちらっと見た気がする。あんなところに入れる気にはなれなかった。都心から離れれば緑に囲まれた場所に立派な霊園があったが、そこは富士丸とは縁もゆかりもない土地だった。どうせ墓を建てるなら、一度は訪れた場所、または何か関係があるところが良かったが、そんなところは思い浮かばなかった。

親父が言ったように四十九日が過ぎれば墓に入れる、というのが宗教的には常識なのかもしれない。

だけど、俺はどの宗教にも属していない。かといって、このまま手元に置いていていてもいいものだろうか。いくら無宗教だといっても、それでは富士丸がいつまで経っても成仏（成仏という概念が宗教的だが）できないのではないかと悩んでいた。

そこで、薄田さんに相談した。

「穴澤さんは、どうしたいんですか？」

「わからないんですよね。僕としては、ずっと手元に置いておきたいという気持ちはあるんですが、それだといけないのかなあと」

「だったら手元に置いておけばいいんです。穴澤さんが望むことが、富士丸くんの望むことです。一緒にいたいと穴澤さんが思うのなら、それでいいんです」

このときの言葉には、ずいぶん救われた。俺が望むことが、富士丸の望むこと。そう考えることにしよう。

「でも、これって、結構大きいじゃないですか」

富士丸の骨壺は人間並に大きく、縦横三十センチ、高さは四十センチほどある。

「困る大きさじゃないんですが、もう少し小さくならんもんかなと思いまして」

薄田さんによると、今は骨を粉砕して粉状にしてくれるところがあるという。そうすれば骨壺自体も小さく収まるらしい。

引っ越しを決めた後、そうしてもらうよう薄田さんにお願いしていたのだ。

夕方になって、薄田さんが大事そうにそれを抱えて届けてくれた。綺麗《きれい》な刺繡《ししゆう》がほどこされた布に包まれ、大きさも四分の一ほどになっている。

遺骨については、様々な考えがあるのだと思う。だけど、これが正しいということはないのかもしれない。少なくとも、俺にとっては関係ない。自分が思う通りにすればいいのではないか。

俺は、ずっと富士丸をそばに置いていたい。手放す気には、どうしてもなれない。だったらもうそうすればいいじゃないか。人にとやかく言われる問題でもない。もう、死ぬまでこれを大切にそばに置くことにしよう。富士丸の遺骨は、俺が死んだときに墓に一緒に入れてもらおう。墓なんかなくてもいい。同じところから散骨してくれたっていい。とにかく、ずっと一緒だ。

俺は、富士丸と新しい部屋に引っ越すことにした。

引っ越し当日、業者によって手際よく家具が運び出された部屋は、文字通りがらんとしていた。物がなくなってしまえば、狭い部屋でも結構広く感じるものだろうと思っていたが、逆に「よくこんな狭いところで七年半もでかい犬と暮らしてたよなあ」と感心するほど狭かった。

それでも、部屋のあちこちにあいつと暮らした様々な思い出が刻み込まれている。

かじられた柱。よく顎《あご》を乗せていた窓際のサッシ。一緒にごろごろしていたフローリング。富士丸がよく寝ころんでいた玄関と寝床の脇の壁紙は汚れていて、ところどころはげていた。あいつは寝ながらよく足をばたつかせていたからそうなったのだろう。その場所に富士丸が寝ている姿を、簡単に思い浮かべることができた。

あちこちの汚れに、それぞれの理由があるようだった。

暮らしてたんだもんな、ここで。

家具がどけられた跡には、丸毛がちらほら残っていた。

つい半年前まで、一緒に暮らしてたんだよなあ、ここで。たしかに、ここで暮らしてきたんだよな、あいつと。そうか、もういないんだよな。

掃除機をかけて、すべての後片づけを終えた。記念に写真でも撮っておこうかと思ったが、やめた。

部屋を出る前に、一番見たくない場所を見た。そこはかつてパソコンデスクが置かれていた場所だった。そこに座り込むあの夜の自分の背中を見た気がした。慣れ親しんだ部屋に別れを告げ、出ていくときにドアを閉めながら思った。

夢だったら、良かったのになあ。

8

陽の光というのは、人間の脳内物質に何かしら影響を与えるのかもしれない。

新しい部屋、といっても同じマンションだが、そこは南向きだった。晴れた日には、照明すら必要としないほど明るい。これはずっと北向きの部屋で暮らしていた俺には、結構衝撃的なことだった。洗濯物にしても以前なら夏の晴れた日に丸一日かかってやっと乾く程度で、冬になると二、三日干しても乾かないなんてことがよくあった。そのため、乾燥機つき洗濯機を買うのが夢で、何年か前にやっと手に入れたのだった。

ところが新しい部屋では、午前中に干せば昼にはバリッと乾くようになった。

そのおかげなのか、じめじめとしていた湿った土が少しずつ水分を蒸発するかのように、気分も少しずつ楽になっていった。

前の部屋ではほとんど見ることのなかったテレビの電源を入れる回数も増えていった。うるさいロックも聴けるようになっていた。思い切って新しいガスコンロに買い替えてみると、料理も以前ほどではないがするようになった。

新しい部屋には、友人たちをはじめ、中田さんや、東さん、野々山さん、大門さんも酒を持ってやってきてくれた。誰もが「日当たりもいいし、引っ越して正解だったね」と言ってくれた。前田さんも「いい部屋ですね」と言ってくれた。

とはいえ、根本的な部分はやはり変わらず、何かにつけて富士丸のことを思い出した。けれど、涙が溢《あふ》れだす回数は劇的に減っていった。自分が元通りになっていく、という感覚はなかった。どちらかといえば、一度完全に壊れてしまったものが、新たに組み直されていくような気がした。

このパーツはどこにあったのか、ああここか、そっちのパーツはここだったかな、というように自分ではない誰かがせっせと作業をしてくれているようだった。

はめられたパーツがぽろんと落ちて、また別のところに埋め込まれる。似たようなところがたくさんあるので、それが正しい場所なのかはわからない。だけどひとまずはまっているようだから、ここでいいだろう。そうするしかない。ほれ、早く次のパーツを埋め込まないと。

そうしたことを、手伝いもせずに眺めている自分がいる。手伝いたくても、動いたらせっかくはまっているパーツがばらばらと落ちるかもしれない。そしたらまた最初からやり直しになってしまう。それでは頑張ってくれている、自分ではない誰かに悪い。今はじっとしてパーツが馴染《なじ》んでくれるのを待つしかない。そのパーツが、以前そこにはまっていたのかは自分にもわからない。だけどそのうち固まってくれるだろう。

恐らく、いくつかのパーツはなくしてしまったのだろう。だから仮に全部が組み上がっても、以前とはどこかが違う自分になっているはずだ。たとえ見た目が同じでも、きっと何かが違うのだ。だけど、それはしょうがないことなのかもしれない。

割れてしまった花瓶をいくら接着剤で固めたところで、必ずヒビが残ってしまう。何かの衝撃があれば、再び割れてしまうだろう。でも人は花瓶ではない。縫合《ほうごう》された傷の皮膚細胞が再生するように、ゆっくりとくっついていく。傷跡は残るかもしれないが、そこが特別弱くなることはない。

今、俺のパーツを集めてくれている自分ではない誰かとは、恐らく〝時間〟なのだろう。

さんざんあがいてみたが、結局どうすることもできなかった。時の流れに身を任せるしかない。そのことに、半年経ってようやく気がついた。どうしても止められなかった安定剤も、半年を機に飲むのを止めた。

富士丸は、もういない。それはもうどうしようもないことだ。

引っ越しをしてから、そう自分に言い聞かせるようになっていった。

9

藤田教授から電話があったのは、引っ越してから一ヶ月が経った頃だった。

「穴澤くん、元気?」

「ええまあ、あ、そうそう、実は僕、引っ越したんですよ」

「おお、そうかい。それはいいことだと思うよ。でさ」

「はい」

「本当に来る?」

「え?」

「インドネシア」

「行きます行きます! いつですか?」

「七月の中旬になると思う。一週間くらい」

「行きます。行かせてください」

「じゃあ、飛行機のチケットとか手配するから。あと、パスポートって持ってるよね」

「持ってます。あ、でも期限切れてます」

そういえば富士丸と暮らすようになってから、海外は無縁だった。

「じゃあ、明日にでも申請しに行って。間に合わなくなるから」

「わかりました！」

「じゃ、また連絡するね」

嬉しかった。本当に連れて行ってくれるなんて。医者でも学生でもない人間を助手としてインドネシアに連れて行くのは、四十年通っている中でもはじめてのことらしい。インドネシアか。どんなところなんだろう。想像もつかない。

俺、ちょっと行ってくるわ。電話を切ると、富士丸の写真に向かってそう言った。

10

新しい部屋では、仕事机の横の高い位置に富士丸の祭壇をつくった。小さくなった遺骨もそこに置いてある。部屋に入った人からはあまり目につかないところだが、仕事をしている最中に横を見上げると富士丸の写真がある。毎朝、毎晩、線香をあげ、水も取り替え、夜には大好きだったおやつもひとつあげる。それでいい。いつまでも情けないやつだな、と思う。それでもいい。

六月十一日、俺は三十九歳になった。自分がこんな大人になれない大人になるとは考えてもみなかった。だけどこれが現実だ。そのことについては素直に、しゃあない、と思う。

来年は何をやっているのだろう。あまり成長していない気がするなあ。

夜、ときどきベランダの椅子《いす》に腰掛けて、意味もなく空を見上げながら思う。

富士丸、俺は、相変わらずだよ。

富士丸、俺は、お前がいなくなって、寂しくてたまらない。

自分がここまでどうしようもない男だとは思わなかった。

みんなに頼ってばかりでさ。

だけど、なんとかやって行くよ。

何か楽しいことを見つけて、そこへ向かって生きていくよ。

お前は、幸せだったたか。楽しかったたか。

最後は、ごめんな。ほんとにごめん。

しゃあない、なんてまだ思えない。

だけど、お前と暮らせて俺は幸せだった。

楽しい思い出ばかりだよ。

いつかまた会えるかな。

もう会えないのかもしれないな。

だけど、いつか、また会えるといいな。

丸、俺は、今でもお前のことが大好きだ。

だから、またね。

11

七月に入ると、蒸し暑い日が多くなった。何があっても季節は巡る。あれだけ長く感じられた冬はいつの間にか春になり、夏を迎えようとしていた。

額にうっすらと汗を滲《にじ》ませながら、スーツケースをがらごろと引きずって受付カウンターへ向かう。成田空港第二ターミナル。電光掲示板を見上げた。成田発ジャカルタ行き、出発は午前十時五十分。手続きを済ませ、搭乗口へ急ぐ。通路の大きな窓からは、たくさんの飛行機が見えた。手元のチケットを眺める。

藤田教授とは、ジャカルタのスカルノ・ハッタ空港で待ち合わせることになっていた。都市部での検診を終えた後合流し、そこからスラバヤ、プロボリンゴ、スマランとインドネシア各地を回る予定だ。

　ロビーで待っていると、アナウンスがあり機内への誘導がはじまった。

　座席は窓際だった。妙にそわそわしてくる。海を渡るのは久しぶりだ。ほどなく飛行機がゆっくりと動き出す。窓から翼が見えた。滑走路の手前でいったん止まると、エンジン音が大きくなっていく。ゆっくりと方向転換し、直線に入ると加速がはじまる。轟音《ごうおん》と共に背中がシートに押しつけられる。窓の外の景色が流れていく。ふっと足元が軽くなったかと思うと、ターミナルが傾いて見えた。飛行機はそのままぐんぐん高度をあげていく。またたくまに空港が小さくなっていく。街が見えた。びっしりと立ち並ぶ家々。血管のように張り巡らされた道路。海が見えた。やがて雲の上に出た。さきほどまでの曇った空とは思えないほど青々と晴れ渡り、翼は太陽の光を眩《まぶ》しいほどに反射している。その下にはもこもことした真っ白な雲が広がっていた。

　インドネシア、海の向こうの知らない国。そこへ行けば何かが変わるんだろうか。どうなんだろう。窓に映る自分に問いかける。わからない。わからないけど行ってみよう。もう、前を向くしかないんだから。そう自分に言い聞かせる。

「富士丸、ちょっと行ってくる。でもすぐに帰ってくるからな」

　窓の外に果てしなく広がる青空と雲海を、ずっと眺めていた。

四年後のエピローグ

「ただいまぁ」

玄関のドアを開けると同時に声をかける。

靴紐《くつひも》をときながら、ちらりとリビングを見る。続いて、入ってすぐ右にある寝室を覗《のぞ》く。出かけるときには、家の中の扉はすべて開けっぱなしにしている。

寝室のベッドの上に、そいつはいた。白と、ところどころクリーム色の毛が混ざった中型の雑種犬で、名は「大吉《だいきち》」という。リビングのソファーにいなければ、だいたい寝室にいる。出迎えには、来ない。ベッドの上で「どこ行ってたんだよぉもう」とでも言いたげな表情で、お尻ごとしっぽを振っている。

二〇〇九年十月一日。その日から、四年の月日が流れた。ついこの間、四周忌を迎えたばかりだ。あれからもうそんなに経《た》つのか、と思う。あっという間だったような気もするし、一方で遠い昔のことのようにも感じる。どうもこの四年間の時間の感覚がおかしい。特に富士丸がいなくなってから最初の二年間の記憶が、自分でも驚くほど曖昧《あいまい》だったりする。あったことは覚えているが、薄く靄《もや》がかかったようにぼんやりとしているのだ。自分のことなのに、どこか他人事《ひとごと》のように思えてしまう妙な感触もある。

そんなときに、本編を書いていたことになる。パソコンの記録を見ると、二〇一〇年の六月末頃から執筆をはじめ、九月上旬までかかっている。文庫化するにあたり改めて読み返してみたが、善し悪しは別として、よく書いたなと思う。

当時はそんな精神状態ではなかったはずだ。表面上は普通に生活しているように見えていても、まだ富士丸の死を冷静に受け止めることができていない時期だったと思う。それでも書いたのは、この本にも登場する野々山さんの存在が大きい。自ら編集者のひとりとして関わるから書けという。だから断れずに書いたようなもので、他の人ならたぶん断っていただろう（事実、他の出版社からの依頼は丁重にお断りした）。

書きはじめるまでにもかなり時間がかかったし、書きだしてからも数行しか書けない日があったり、書いている間、ひたすら辛《つら》かったことだけは覚えている。時折かかってくる野々山さんからの催促の電話と、励まし（主に居酒屋で）のおかげでなんとか書き終えたようなものだ。

これは最近になって聞いた話だが、野々山さんは、現実に向き合って文章を書かせることが、立ち直るためのスタートラインになると考えていたらしい。

その通りになったのかどうかは、よくわからない。しかし自分の心境と目の前の事実を書くことで、頭の中が整理できたような気はする。が、それで何かが大きく変わったかといえば、そんなことはなかった。

正直に言うと、当時はこんな本を出す意味はあるんだろうかと思っていた。愛犬の突然の死と、それによって自分の身に起こったことを延々と書いただけで、誰かのためになるとは思えなかったからだ。というより、まだそこまで考えられなかった。自分のことで精一杯だったのだ。

その後、この本を読んでくださったという方からたくさんのお便りをいただいた。その多くは最愛の犬や猫を亡くした経験のある人で、自分と同じ気持ちの人がいることに救われる思いがしたというものだった。中には世間からひとり取り残された気がしていたけど、少し気が楽になったと丁寧に御礼を述べてくれる人もいた。そうした反応が返ってくるとは思いもよらなかったので、かなり驚いた。そのようなお手紙は今でもときどき届く。

「ペットロス」と呼ばれるものは、たぶん実際に経験したことのある人にしかわからない。その悲しみの深さも、あるいは罪の意識も、人によって違う。当人にしかわかり得ない感情もある。だから「こうすれば楽になりますよ」というものは恐らく存在しない。本人にもどうしようもないことはわかっているから、周囲の人に理解してもらいたいとも思わない。それ故、表面ではなるべく普通の顔をする。そして内面では、いつまでも立ち直れない自分に驚き、焦りを感じている。

そんな人たちが、少しだけでも気持ちが楽になったと言ってくれるなら、この本を書いて良かったのかなと思う。今、あの頃を振り返って書いたなら、たぶんかなり違った温度になるだろう。ペットロスまっただ中にいる人間が（当時は自覚していなかったが）、自分の心境について語るという意味でも、あの時期に書いておいて良かったのかもしれない。

話を大吉に戻そう。

今、我が家には犬がいる。茨城県で放し飼いにされていた白い雑種犬が、近所の飼い犬に産ませた犬だ。富士丸と同じく「いつでも里親募集中」というサイトで出会った。

正直、また犬と暮らすことになるとは思っていなかった。仮にそんな日が来るとしても、ずっと先のこと、もしかしたら一生来ないのかもしれないと思っていた。それでも里親募集サイトはときどき覗いていた。ただ、それは眺めていただけで、新たな犬との出会いを求めていたわけではなかった。

しかしその白い子犬を見たときに、心が少し揺れ動いた。なぜか妙に気になったのだ。そこでうっかり連絡してしまったのがいけなかった。とんとん拍子でお見合いすることになった。けれどもその日はお見合いだけで、貰《もら》うかどうかは後日連絡して届けてくれる約束だったから、まだゆっくり考える時間はあると考えていた。その時点では、連絡はしたがやっぱりまだ早いだろうという気がしていた。

ところが前日になって代理掲載していた人から、接触事故に遭って長距離の運転ができなくなった、ついては気に入ったらその日に連れて帰って欲しいという連絡が入る。突然そんなことを言われても、まだ心の準備ができていなかった。急に焦り出す。また犬と暮らしたいという気持ちはある。同時に、もうあんなに悲しい思いはしたくないという気持ちが膨らむ。犬と暮らす楽しさと、失うことへの恐怖。わずかな望みに黒い影が覆い被さる。でも――。いくら考えても結論は出ない。当日、待ち合わせの場所へと車を走らせながら、悩みすぎて吐きそうになった。

実際にその子犬を見ても、可愛《かわい》いとは思ったが普通の雑種の子犬と大差はない。特に運命のようなものは感じなかった。しかし、後日電話で伝えるならまだしも、その場でやっぱり止めておきますと断るのは人としてさすがにどうなのかと思い、悩みに悩んだあげく最後には「ま、いいか」と連れて帰ることにした。結果的に断れない状況に追い込まれたようなものだが、連絡した時点でほとんど決まっていたのかもしれない。それが二〇一一年十一月のことだ。

ちなみに「大吉」という名は、本書にも登場する「丸ちゃん大好き中田さん」に頼んでつけてもらった。そして富士丸と同じように、大吉も中田さんにえらく懐いている。愛犬チェリーを十五歳七ヶ月で看取《みと》った中田さんもまた、大吉を孫のように可愛がってくれる。

大吉が来て、まもなく二年になる。その前の二年と、その後の二年で、明確に自分が変わったのがわかる。それは分厚い雲に覆われていた空が、晴れ渡っていくような感覚だった。これは後になってみてわかったことで、視力の低い人がはじめてメガネをかけたときの驚きに近いかもしれない。それまで見えていた景色が普通だと思っていたし、永遠に続くものだと考えていた。とはいえ、実際に視界がぼやけていたわけでも、暗い気持ちだったわけでもない。それなりに楽しくやっていた。

本編でも述べているように、富士丸がいなくなってから、時間の経過と共に現実を受け止め、前を向こうとしている自分がいた。一年くらいかけて、一度完全に壊れたものが少しずつ再生されていくのがわかった。普通に笑えるようになったし、冗談も言えるようになっていた。それが一周忌を過ぎたあたりから、ほとんど変化が感じられなくなったのだ。だから「あぁ、ここくらいまでかな」と思っていた。

そのことについて、悲観的になっていたわけではなかった。むしろ、あれだけのことがあったんだから当然だろうと考えていた。喪失感が簡単に消えないことも、別の何かで埋まるようなものでないこともわかっていた。富士丸と暮らしていた頃の自分に戻れるわけがない。そう思っていた。

うまく言えないが、心のどこかに自分はあのときに一度死んだんだという思いがあった。だから「本当に死ぬまで、まぁ生きてみるか」という前向きだか後ろ向きだかわからないような感じだった気がする。

今思えば、その頃はただなんとなく生きていただけだった。だから記憶が曖昧なのかもしれない。自分が生きていた「実感」のようなものがやけに薄い。まだペットロスから完全に抜け出していなかったのだろう。いつまでも立ち直れない自分への焦りが、呆《あき》れを通り越して、一種の諦《あきら》めへと変わっていた。

大吉と暮らしはじめてから、そのことに気がついた。

今では気持ち悪くなるほど悩んだことが馬鹿らしく思えるほど、大吉は我が家にいるのが当たり前の存在になっている。なぜあのとき、気になったのか。なぜ連絡したのか。わからないが、たぶん何かが背中を押したのだろう。他の犬でも良かったとは思わない。今になってみれば出会うべくして出会った、そういうタイミングだったのだろう。

そして、犬がそばにいる生活は、やっぱりいい。改めてそう思う。大吉と出会っていなければ、恐らくあのままだっただろう。それはそれで、そういう生き方もあったのかもしれないが、大吉を迎えて良かったと素直に思う。

大吉が富士丸の穴を埋めたわけではない。当たり前だが、別の犬だ。けれども、おかげで完全に立ち直ることができた。立ち直るという表現は少し違うのかもしれないが、生きている実感——大袈裟《おおげさ》に言えば生きることに再び喜びを感じられるようになった。

だからペットロスで苦しんでいる人はまた犬を飼えばいい、と安易にすすめるつもりはない。あくまでも自分の場合がそうだったというだけだ。アドバイスできることも特に思いつかない。あるとしたら、すべて自分で決めればいいということだろうか。周りの人の意見ではなく、自分で考えてそうしたいと思えばそうすればいい。自分自身がそうだったからだ。

もうひとつ言えるのは、あれほどの絶望を味わった人間も、こうしてまた元気に暮らせるようになる、というひとつの事実だ。これはペットロスに限った話ではないと思う。その点については、自分でも驚いている。あの日、酩酊《めいてい》しながらずっと降り続いている雨の音を聞いていたとき、四年後にこうなっていることなど、想像もできなかった。生きる気力も、何もかも消え失せていた。

そのことを思い出すと、今の自分とあの頃の自分が、なぜか違う人間のように感じてしまうのだ。それくらい、あの日から今日までは「激動の四年間」だった。あくまでも心の中の変化であって、暮らしの方は相変わらずだが。ちなみに今年の二月には結婚して、今は二人と一匹になった。

今でも、富士丸のことを思い出さない日はない。骨壺も家に置いたままだ。毎晩、写真の前にあるキャンドルに火を灯《とも》し、手を合わせている。お供えにおやつをひとつ置く。それが習慣になっている。富士丸のことは今も大好きだ。この気持ちは一生変わらないだろう。

大吉も、いずれはいなくなることはわかっている。ただそのときは、今度こそこの手で最期《さいご》を看取らせて欲しい。それだけが願いだ。

その後のことは、たぶん大丈夫だろう。悲しくても、たぶん耐えられる。少なくとも同じことにはならない。強くなったのとは少し違う、あの経験があるからだ。
それがあの日から四年経った今の心境だろうか。

最後に、この本を出すきっかけをつくってくださった野々山義高さん、世界文化社の加治陽さん、編集者の徳永皆子さん、さらに文庫化のきっかけをつくってくださった大門千春さん、編集者の山本智恵子さん、解説を書いてくださった東えりかさん、大吉の名づけ親になってくれた中田靖さん、あれからもお世話になりっぱなしの藤田紘一郎さん、そして本書を手にとってくださったすべての皆さんに感謝します。どうもありがとうございました。皆さんどうかお元気で。

二〇一三年十一月

穴澤　賢

富士丸と同様、里親探しサイトで出会った、大吉。

「犬と暮らす幸せ」対談

穴澤 賢×柴田理恵

深い悲しみを乗り越えて、二歳の犬と暮らす著者と、
ロケ現場で出会った、足の悪い犬と暮らす柴田さん。
お二人に、犬との日々について語っていただきます。

――ロケで名古屋を訪れた際、不法投棄のゴミの山に捨てられていた子犬を助けて晴《はる》太郎《たろう》と命名した柴田さん。当初、仕事で家を空けることの多い柴田さんにとって、犬を飼うという選択肢はありませんでしたが、足に先天的な障害を抱えた犬の飼い主探しは難しく、最終的に柴田さんの家に迎えることに。まずは本書を読んでの感想を。

柴田　この本読むの、ほんと大変だったんだから！（笑）まず、ワンちゃんが死んじゃう話ってだけで読みたくなくて……。意を決して読み始めたら、穴澤さんが帰宅して「あれ？　いつものところに富士丸がいない」っていう冒頭からドワーッて大号泣して続きが読めなくて。数回読むのを放棄して、やっと読み進められるようになったら「あれ？　これは読まなきゃいけない本じゃないか」とわかったんですよ。

穴澤　みなさん飼い犬の死は、ある程度覚悟していると思うんですが、富士丸の場合、一番嫌なパターンじゃないですか。

柴田　それはそう思う。正直、私、結婚しててよかったって思ったもん。ひとりで受け止めるのは本当に大変ですよ。特に富士丸みたいに大きいと存在感がすごいし。

穴澤　富士丸は七歳半だったので精神年齢的にも自分と同じくらいか、ちょっと追い抜いたぐらい。息子でありよき友みたいな関係でしたから。

柴田　でも穴澤さんは周りにいっぱい信頼できる方達がいて本当によかったですよね。

穴澤　みんながいなかったら本当にヤバかったですね。大吉は、たまたま見た里親募集のサイトで気になって連絡したら、どんどん断れない状況に追い込まれて。すごい悩んだんですけど、あのとき貰《もら》って本当によかったなって。そういえば、猫の里親募集をしている人が、どうも猫のほうが飼い主を選んでいる気がするって言ってたんです。ある家庭に貰われていった猫が嫌がって暴れて「この子ダメ」って返されたんですね。ところが、別のお宅に行ったらすごくいい子で、そのままその人の家の子になったそうです。そもそも、ちょっと暴れたくらいで返す人は駄目じゃないですか。

柴田　実は、晴太郎も一度テレビで里親募集しているんですよ。何人か飼いたいって人が現れたんだけど、拾った時からお世話になっていた獣医の先生がダメだって。

穴澤　治療を定期的にしなきゃいけないっていうのは大変ですからね。

柴田　いろいろあって、最終的にうちに迎えることにしたんです。

穴澤　当初は毎日足のガーゼを替えたり週三回病院に行ったりとか、すごいですよね。

柴田　毎日一生懸命やって、しばらく経《た》ってうちの人が「俺、この二か月、朝メシ何食べたか覚えてないや」って。二人とも朝ごはん食べるの忘れてたんですよ（笑）。

穴澤　富士丸は三〇キロあったけれど、晴太郎も身体が大きいでしょう。

柴田　二一キロ。それに足が悪いから家の階段の昇り降りは抱っこなんです。でも、うちの人は体操教室に通って腹筋をつけて、だいぶ楽になったって。

穴澤　犬のために筋トレ（笑）。

柴田　うちは晴太郎の前に、猫を飼ってたんですよ。その子が腎臓が悪くなって、流動食になって弱ってるなあって時に私がロケで数日家を空けたのね。途中、うちから「血吐いたぞ」って連絡があって。帰宅したら、猫が玄関まで出迎えてくれて元気そうなの。今日は一緒に寝ようかって言ったら、いつも行かないテレビの下のテーブルの所で寝たから変だなあと思ったら、寝た時と同じ体勢のままで死んでたんですよ。

穴澤　柴田さんが帰ってくるのを待ってたんですね。

柴田　翌日たまたま午前中だけ休みだったんで急いでお骨にしてもらって、それからお蕎麦屋さんでお葬式しようって行って、そこで初めてワーッて泣けて。

穴澤　やっぱりペットロスみたいになりました？

柴田　でもあんなひどいのじゃないですよ。うちは台所の決まったところに猫の水入れを置いていて、いつも料理をしながら振り向きざまにそれを跨《また》いでたんですね。それで、もう何も置いてないのに無意識にクセで跨いじゃうんです。そういうときハッと気づいて、水入れがないのを見ると愕然《がくぜん》とくるんですよね。へたりこむというか。

穴澤　すごくわかります。僕は仕事部屋からトイレに行く時に、ソファーで寝ている富士丸を見るクセがあったんですよね。いなくなってからも、つい首がソファーの方を向いちゃうんですよ。その時の「あ、いないんだ」っていうのがけっこうきて……。

柴田　散歩があるから飲み歩かなくなったし、早起きするようになったし、晴太郎がいるといないじゃ全然生活が違う。

穴澤　生活リズムはなんかいつの間にか変えさせられているんだけど、そういうのが心地いいんですよね。犬がいると生活が豊かになってるような気がするな。

柴田　そうそう、居てくれるだけでいいの。ブラシかけて、歯磨いて、皮膚病になったら薬塗って、それを毎日毎日やってあげてると、私のこと自分の世話係のおばさんとしか思ってないんじゃないかって（笑）。痒《かゆ》そうな顔するから掻《か》いてやると「そこそこ～」って。まったくなんだと思ってるんだろコイツ！って思うけど、満足なの。

穴澤　掻くのを止めると「もうちょっと」って手をかけてくる（笑）、どこも同じだ。そういう風に愛情を注ぐと、「俺、幸せ～」っていう表情になってきますよね。

柴田　日本の犬を飼う文化は少しヘンな気がします。「この犬種を飼いたい」みたいな言い方をよく聞くでしょ。私は性格がいい子だったら、どの犬飼ったってオンリーワンなんだけど。なんか雑種が好きなんですよね。

穴澤　犬種へのこだわりを否定するわけじゃないけど、特定の犬種を欲しがる人が沢山いるからブリーダーが無理な繁殖をするんだし。富士丸も大吉も晴太郎も雑種だし、ネット見てみんな「可愛《かわい》い」って言ってくれてるけど、タダだよ？（笑）ペットショップで「買う」以外にも犬を「飼う」方法はあるのに。人気の犬種ベストテンとか、おかしな話ですよ。

Profile
しばたりえ●1959年富山県生まれ。女優、タレント。劇団東京ヴォードヴィルショーを経て、WAHAHA本舗設立。テレビに舞台に大活躍。著書に愛犬との出会いを綴った『晴太郎—3本足の天使』等がある。

柴田　「可愛い」をお金で買おうとするからですよ。富士丸も男前だったし、飼い主に愛されて大切にされている犬は、目が違うのよ。

穴澤　きちんと向き合って飼っている人の犬は顔見たらわかりますね。

柴田　「こういうことしたらよくないでしょ？」って真面目に言うと、ちゃんとわかってる。それに一緒に生活するとなると、こっちもだいぶ折れなきゃいけない。向こうにも「僕はこうだからね！」って好き嫌いがあるから、躾《しつけ》って、単純に言うことをよく聞くとか聞かないとか、そういうことじゃないんですよね。

穴澤　すりあわせに三〜四年かかりますよね。俺らだけのルールができるまではイラつくこともあるし、向こうもプンとなったり、お互い微妙な空気になりながら（笑）。

柴田　晴太郎もだけど、七歳ぐらいになると「ワ〜オン」って喋《しゃべ》り始めない？

穴澤　単語どころか、たぶん文章まで理解してますよね。

柴田　昨日たまたま夫婦揃《そろ》って家にいたんですよ。そうしたらまだ散歩の時間じゃないのに「ウォン」って言うの。「散歩は四時だよ、まだ二時じゃない」って言ってもおさまらず、「二人とも昼間はヒマだから連れてけって？　じゃあ、買い物ついでに行こうか」って言ったら「ウ、ウォーン!!」ってうれしそう。ワガママなの（笑）。

穴澤　富士丸もそうでしたが大吉も、旅行の用意をしてると前の晩からテンションが上がってしまうから、当日の朝にバーッと準備するんですけど、ソワソワして待ってるんです。で、「行くよ」って言うと、うわ～って盛り上がる。絶対理解してます。

柴田　ペット本でケージが一番安心だって読んで、設置してみたんです。出かける前に入れても、私が帰ると必ずジャンプして出ちゃうの。

穴澤　本は一般論でしかないですよね。富士丸も、ベランダにケージとトイレを置いてみた時期があるんです。俺の外出中に雨が降って帰ってからベランダを見たら、ケージに入らないで雨に打たれてたんですよ。「わかったわかった」。それ以来、ケージは使わず。

柴田　以前、お客さんを呼んで宴会をやる時に、晴太郎だけ二階に上げたの。でもずっと一階を気にしていて、やっと静かになったからどうしたんだろうって上に見に行ったら、モリッツモリにウンコしてて、やってやったみたいな顔してたの（笑）。

穴澤　本当にわかりやすい（笑）。ある日突然リビングでおしっこしたりするのは「最近散歩が短い」とか、何らかのメッセージなんですよね。他に訴える術《すべ》がないから。

柴田　そうかあ、仲間外れは嫌だったんだなあって、それからは宴会の時も側に居させてます。ちゃんとダメって言えば勝手に食べないのに、可哀想なことしました。

穴澤　富士丸がいなくなって気づいたのは、晩酌の何気ない時間が意外と一番好きだったかもしれない。毎晩、家でテレビを見るともなく見ながら、富士丸にもオヤツをひとつあげて、ちょっと触ったりして。それであいつが膝にボンとアゴ乗せてきたり。

柴田　結局ね、犬もいろいろな所に行くよりも家にいるのが好きなんですよ。どこか旅行に出かけても帰ってくると「ああ、家が一番」みたいなこと言いそうですよね。

穴澤　大吉もどこかから帰ってくるとソファーにドーンって飛び乗ってすぐ寝てる。今は嫁の方が大吉に夢中で、「大丈夫か？　いつか大吉いなくなるぞ」って逆に心配です。僕は……、そりゃあ悲しいでしょうけど、もうああはならないでしょうね。

柴田　大吉も晴太郎も、迷惑さんざんかけて長生きしてほしいですよね。

穴澤　本当にそう思います。

（二〇一三年十一月）

解　説

東　えりか

今年の春、車を買い替えた。十一年乗った赤の4WDのアウディをとっても気に入っていたのだけど、さすがに調子が悪くなってきたので、車検を機に新しくすることにしたのだ。

この車には思い出がいっぱい詰まっている。最初の五年ほどは、北方謙三氏の秘書をしていたので、彼の別荘に行ったりカンヅメになっているホテルに物を届けたり、病気になった北方ボスの愛犬を医者に連れて行ったり、と大活躍をしてくれた。

明日は引き取りに来るという日。念入りに掃除をしていた。足元のシートを引っぺがし、椅子の下も後部の荷物置き場もぜんぶ空にして掃除機をかけた。そのゴミを捨てようとすると、そこにはびっくりするほどの量の白と黒の毛が入っていた。くるくると丸まった毛の大きさは、小さなおにぎり一個分といったところだろうか。

「富士丸だな」

夫がぽつんとつぶやいた。その時はもう、私の左目からは涙が溢《あふ》れそうになっていた。

この車に富士丸が乗ったのは何回あったのだろう？　二回か三回、そんなものだ。でもバイバイと帰った後、車のシートは、いつも物凄いことになっていて、掃除機やコロコロが大活躍したものだ。旅行に行くのが大好きで、車の中ではニカニカ笑っていた富士丸の顔が頭をよぎる。

「まだこんなにあったんだね」と、昔、大事にしていた宝物を見つけたような気持ちになる。そしてもうひとつ思う。富士丸がいて、一緒に遊んでくれたことは夢じゃなかったんだ。

二〇〇九年十月一日の夜のことは、何度も何度も思いだす。それは秋風を感じたときや、穴澤さんと別れ際に入ったビアホールの近くを歩いているとき、大型犬の後姿を見た瞬間や納豆ソバを食べたときに不意にやってくる。あの犬は納豆が好きだったっけ。

そう、あの当時、穴澤賢はがむしゃらになっていた。どちらかといえば、いつも投げやりでやる気を見せない人だと思っていたのに、富士丸と山で暮らすんだ、と決めてからどこかのスイッチが入ったようだった。そんな気にさせたのも、少しは私に責任があるかもしれない。

　狭い1DKで額をくっつけあうように暮らしていたひとりと一匹を、友人が住む軽井沢に連れて行ったのはいつだったか。ボルゾイというロシアの貴族のような大型犬を飼っている友人から誘われて、泊りがけで遊びにいったときのことだ。

　渓流釣りが好きなくせに下手くそなとうちゃんをよそに、富士丸はものすごく楽しそうだった。パオラという名のボルゾイとも、なんとなく仲良くなり、近くに住んでいる小説家の馳星周さんの愛犬、バーニーズ・マウンテンドッグのワルテルとソーラも呼んで、一緒にバーベキューをしていたとき「こういう環境で富士丸と暮らせたらいいなあ」と言いだした。

　それは、最初はほんの夢物語だったはずだ。しかし、本当に幸せそうに散歩してくつろぐ富士丸の姿を見ていると、実現しないわけにはいかなくなってきたようだ。実際、馳さんは犬たちが暮らしやすいようにと東京から軽井沢に引っ越してきたのだから、勧めないわけがない。

　富士丸の人気は絶頂だった。ブログのランキングは常に一位で、イベントにもひっぱりだこ。富士丸会いたさに遠方からもファンがやってきて、驚かされることも多かったと聞く。富士丸がらみが多かったとはいえ、穴澤さんの仕事も途切れることなく入り、少し前の根なし草のフリーターのような生活とは全く違っていた。

私は単に富士丸と遊びたいという、ただのファンだったので、北方謙三ボスの別荘に連れて行き、凄味《すごみ》のあるボスとのツーショットを撮って楽しんでいただけだった。言ってしまえば、富士丸を通しての単なる飲み友達に過ぎなかったので、家をつくるうんぬんの経過はよく知らずにいた。

あるとき、穴澤さんから連絡が来た。富士丸と一緒に住む家を山に建てることになった、いろいろなプロジェクトが進んでいる、ついては、身元をきちんとしたいのでどこかの団体に入れないか、知恵を貸してくれという相談であった。

彼はすでにそのとき、富士丸に関する本を何冊も出した後だったので、物書きが入ることのできる公益社団法人・日本文藝家協会へ入会する手続き方法を教えてあげた。無事に入会が認められたのが二〇〇九年の夏。穴澤賢は立派な文筆家として認められたのだ。


条件が整い、あとは書類に判子をつくだけ、という前の日、富士丸が死んだ。

本の中にも書かれているように、その日、私はある出版社のパーティに穴澤さんを連れ出した。文藝家協会入会に力を貸してくださった方へのお礼と、今後、もっと仕事をできるように、いわゆる顔を売りに行ったのだ。

　六時半に待ち合わせ、パーティが終り、その後知り合いの作家と近くのビアホールでちょっと飲んで、別れたのは九時半ぐらいだっただろう。すべてが上手くいっていた。自宅に帰るまで私も上機嫌で、鼻歌を歌っていたかもしれない。

　自宅にもうすぐ帰りつく、という時、携帯が鳴った。相手が穴澤さんだと確認してから「どうしたの？」と出ると「富士丸が死んでます」と言うではないか。何度も聞き返すが「わかりませんが、死んでるんです」と繰り返すだけだ。私はその場にへたり込んでしまい、しばらく動けない。気が付くと電話は切れていた。

　すぐに大門さんや野々山さんに連絡を入れるが留守電になってしまう。「どうしよう、どうしよう」とおろおろしていたら、夫が帰宅した。事情を話すと、すぐに行こうとタクシーを拾い彼の家に駆け付けた。狭い家の中はすでにたくさんの人で溢れかえっていた。泣いている人がたくさんいる。穴澤さんは泣いてなかったように記憶している。私と夫は横たわっている富士丸に触り、現実だと知って呆然《ぼうぜん》とした。誰もがどうしていいかわからない。

　真夜中にも拘《かかわ》らず人はどんどん増えていく。どうしようもない、と私たちは帰宅した。顔を見たことがある何人かに名刺を渡し、何かあったら連絡をしてくれと頼んだことは覚えている。

その後の穴澤さんの体たらくは本書に書かれたとおりである。いや、正直に言えばこんなもんじゃなかった。一番ひどい時は、彼の友だちやプロジェクトに関わる人たちが常に付いていてくれたのでよかったが、数日経《た》つと仕事関係に迷惑が出始めた。ブログの更新がされないので、ファンの人たちも心配している。結局、私たちが出しゃばったのは、中で一番年上であり、多少の経験値があったからに過ぎない。

富士丸と穴澤さんの暮らしは、まるで繭の中でお互いを温めあっているようだった。どちらにとってもかけがえのない存在で、居なくなってしまったら生きていくことさえ難しい。そういう存在だった。だから富士丸が病気になることを恐れて出来る限りの検査をしていたし、もし、自分が死んだら誰に富士丸を預けるか、まで決めていたほどだ。しかし、こんな突然の別れは誰も考えてはいなかった。というか、こんなことが現実に起こるのか、と、ただひたすら驚いていた。

本人は乗り気でなかったが、何とか説得してお別れの会を開いたとき、どれだけの人が来てくださるかなんて、まったく想像できなかった。意外にも穴澤さんが一番冷静で、お礼のあいさつのために発注したハガキの数と参列者の数がほぼ同じくらい。

日々、ブログで読者と接しているので、なんとなくわかったのだろう。井の頭公園で行われたお別れ会は、翌日の新聞に載るくらい話題になった。穴澤さんの気持ちも、多分ここで一区切りついたのだと思う。

不安定なときは続いていたが、もう自暴自棄になるようなことはなくなり、一緒に混乱していた私の生活も普通に戻った。しばらく経《た》ったとき、野々山さんや大門さんとこんな話をした。

もし、富士丸が死ぬのが一日遅かったら、彼は莫大《ばくだい》な借金を一人で抱え、この先何年も苦しんだだろう。もし一か月遅かったら、新しい家の工事は始まっていて、その後始末も考えなくてはいけなかっただろう。半年遅かったら、近くにすぐ来てくれる友人もおらず、途方に暮れて自ら命を絶っていたかもしれない。大好きなとうちゃんの苦しみを最小限にするため、まるで図ったかのように、たった五時間ほど家を空けたあの瞬間に、富士丸は旅立ったのではないだろうか。すみませんけど、東さん、後を頼みます、と言われているような気がするんだけど、というと、ふたりとも「そうかもね」と答えてくれた。

「時間は薬」とはよく言ったものだと思う。富士丸がいないということに穴澤さんは少しずつ慣れていった。忘れたわけではないことは、いまだに〝ふじまる〟と言葉にすることはなく、会話の中で必要が生じると〝あのひと〟というのだ。〝あのひと〟はきっと天国で苦笑いしているだろうと、話を合わせながら思っている。

そうそう、最後に穴澤さんに話していないことがあった。富士丸の葬儀の日、最後の姿もまともに見られず、お別れの挨拶もろくにできないほど泥酔していた穴澤さんを見るのが辛《つら》くて、お寺の中をひとりで散歩していたら、白と黒のブチの猫を見かけた。その猫に誘われるように奥に進むと、桜が満開になっていた。驚いて参列者のひとりに声をかけ、もう一度見に行き「こんなことをするんですね、富士丸は」と話したのだ。桜満開の春先、鼻の上に桜の花びらを付けたまま、楽しげに散歩をする富士丸の姿を覚えている人も多いだろう。不思議なこともあるものだなあ、と後で調べたら秋に咲く十月桜という種類らしい。茶毘《だび》に付される直前になって、雨が上がり太陽が顔を出した。まさに富士丸らしいフィナーレだったのだ。

最後に読者が知りたいだろうな、ということをひとつだけ書いて筆をおく。穴澤さんが選んだ女性は、ちょっと年下でいつもニコニコ笑っているような、傍若無人に振舞う夫と大吉をおおらかに包み込んでくれる人だ。顔立ちは、富士丸より大吉に似ているかもしれない。

（あずま・えりか　文芸評論家）

この作品は二〇一〇年十一月、世界文化社より刊行されました。

本文デザイン　大野リサ
写真協力　工藤雄司（シンフォレスト）Ｐ75、Ｐ115上
　　　　　中田靖（日経ＢＰ社）Ｐ145
対談構成　虫明花野子
対談撮影　冨永智子

集英社文庫

またね、富士丸《ふじまる》。

2013年12月20日　第1刷　　定価はカバーに表示してあります。

著　者　穴澤《あなざわ》　賢《まさる》

発行者　加藤　潤

発行所　株式会社 集英社
東京都千代田区一ツ橋2-5-10　〒101-8050
電話　03-3230-6095（編集部）
03-3230-6393（販売部）
03-3230-6080（読者係）

印　刷　株式会社 廣済堂

製　本　株式会社 廣済堂

フォーマットデザイン　アリヤマデザインストア　　マークデザイン　居山浩二

ISBN978-4-08-745145-0 C0195